《中国大百科全书》普及版

ZHIMAKAIMEN DADIKUANGCANG

芝麻开门

大地矿藏　【地质卷】

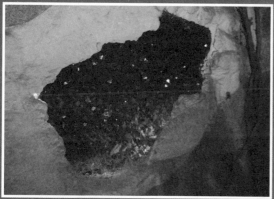

中国大百科全书出版社

图书在版编目（CIP）数据

芝麻开门：大地矿藏／《中国大百科全书：普及版》编委会编．—北京：中国大百科全书出版社，2013.8

（中国大百科全书：普及版）

ISBN 978-7-5000-9223-0

I.①芝… II.①中… III.①矿产资源－普及读物 IV.①P61-49

中国版本图书馆CIP数据核字（2013）第180529号

总　策　划：刘晓东　　陈义望

策划编辑：黄佳辉

责任编辑：黄佳辉　　徐世新

装帧设计：童行侃

出版发行：中国大百科全书出版社

地　　　址：北京阜成门北大街17号　　邮编：100037

网　　　址：http：//www.ecph.com.cn　　Tel：010-88390718

图文制作：北京华艺创世印刷设计有限公司

印　　刷：天津泰宇印务有限公司

字　　数：66千字

印　　张：7.25

开　　本：720×1020　　1/16

版　　次：2013年10月第1版

印　　次：2018年12月第5次印刷

书　　号：ISBN 978-7-5000-9223-0

定　　价：25.00元

前言

　　《中国大百科全书》是国家重点文化工程，是代表国家最高科学文化水平的权威工具书。全书的编纂工作一直得到党中央国务院的高度重视和支持，先后有三万多名各学科各领域最具代表性的科学家、专家学者参与其中。1993 年按学科分卷出版完成了第一版，结束了中国没有百科全书的历史；2009 年按条目汉语拼音顺序出版第二版，是中国第一部在编排方式上符合国际惯例的大型现代综合性百科全书。

　　《中国大百科全书》承担着弘扬中华文化、普及科学文化知识的重任。在人们的固有观念里，百科全书是一种用于查检知识和事实资料的工具书，但作为汲取知识的途径，百科全书的阅读功能却被大多数人所忽略。为了充分发挥《中国大百科全书》的功能，尤其是普及科学文化知识的功能，中国大百科全书出版社以系列丛书的方式推出了面向大众的《中国大百科全书》普及版。

　　《中国大百科全书》普及版为实现大众化和普及化的目标，在学科内容上，选取与大众学习、工作、生活密切相关的学科或知识领域，如文学、历史、艺术、科技等；在条目的选取上，侧重于学科或知识领域的基础性、实用性条目；在编纂方法上，为增加可读性，以章节形式整编条目内容，对过专、过深的内容进行删减、改编；在装帧形式上，在保持百科全书基本风格的基础上，封面和版式设计更加注重大众的阅读习惯。因此，普及版在充分体现知识性、准确性、权威性的前提下，增加了可读性，使其兼具工具书查检功能和大众读物的阅读功能，读者可以尽享阅读带来的愉悦。

百科全书被誉为"没有围墙的大学"，是覆盖人类社会各学科或知识领域的知识海洋。有人曾说过："多则价谦，万物皆然，唯独知识例外。知识越丰富，则价值就越昂贵。"而知识重在积累，古语有云："不积跬步，无以至千里；不积小流，无以成江海。"希望通过《中国大百科全书》普及版的出版，让百科全书走进千家万户，切实实现普及科学文化知识，提高民族素质的社会功能。

2013 年 6 月

目 录

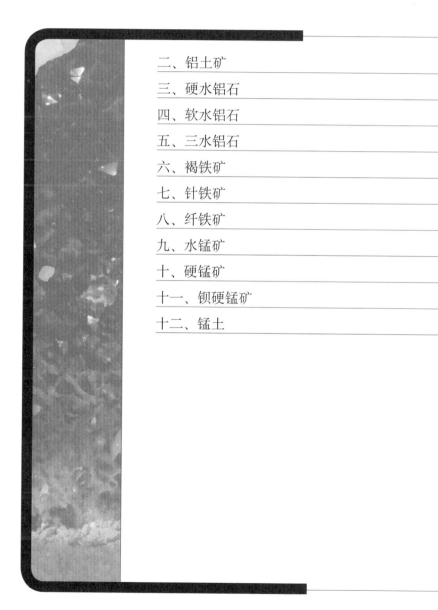

第一章 大自然的产物

[一、矿物学]

研究矿物的化学成分、晶体结构、形态、性质和时间、空间上的分布规律，形成、演化的历史和用途的学科。是地质学的分支。许多生产部门，如采矿、选冶、化工、建材、农药农肥、宝石以及某些尖端科学技术都离不开矿物原料。因此，矿物学研究不仅有理论意义，而且对矿物资源的开发和应用有重要的实际意义。

发展简史　矿物学的发展大体可分为如下阶段：①萌芽阶段（史前期至15世纪中叶）。早在石器时代，人类就已利用多种矿物如石英、蛋白石等制作工具和饰物。以后，又逐渐认识了金、银、铜、铁等若干金属及其矿石，从而过渡到铜器时代和铁器时代。在中国，成书于战国至西汉初的《山海经》，记述了多种矿物、岩石和矿石的名称，有些名称如雄黄、金、银、垩、玉等沿用至今。古希腊学者亚里士多德把同金属相似的矿物归为"似金属类"，他的学生泰奥弗拉斯托斯在其《石头论》中把矿物分成金属、石头和土三类。在这以后的一段时间里，特别是欧洲中世纪，中国西汉中期，在矿物方面只有个别的记述，没有明显进展。②学科形成阶段（15世纪中叶至20世纪初）。18～19世纪，矿物研究得到了多方面进展，逐步建立起理论基础，丰富了研究内容和研究方法，形成了一门学科。16世纪中叶，G.阿格里科拉较详细地描述了矿物的形态、颜色、光泽、透明度、硬度、解理、味、嗅等特征，并把矿物与岩石区别开来。中国李时珍在成书于1578年的《本草纲目》中描述了38种药用矿物，说明了它们的形态、性质、鉴定特征和用途。瑞典的J.J.贝采利乌斯作了大量的矿物化学成分鉴定，采用了化学式，并据此进行了矿物分类。德国化学家E.米切利希提出了类质同象与同质多象概念，出现了矿物学研究的化学学派。产生于这一时期的矿物学的另一学派是结晶学派。他们在几何结晶学及晶体结构几何理论方面获得了巨大的成就。此外，H.C.索比于1857年制成显微镜的偏光装置，推进了矿物的鉴定和研究，这一方法至今被沿用和发展着。③现代矿物学阶段。1912年德国学者M.von劳厄成功地进行了晶体对X射线衍射的实验，从而使晶体结构的测定成为可能，并使矿物学研究从宏观进入到微观的新阶段。大量矿物晶体结构被揭示，建立了以成分、结构为依据的矿物的晶体化学分类。20世纪中期以来，固体物理、量子化学理论以及波谱、电子显微分析等微区、微量分析技术被引入，使矿物学获得了新进展，建立了矿物物理学，矿物原料和矿物材料得到更广泛的开发；开展了矿物的人工合成，高温、高压实验和天然成矿作用模拟；矿物学、物理化学和地质作用的研究相结合的分支学科——成因矿物学和找矿矿物学逐步形成，使矿物学在矿物资源的寻找与开发方面获得了更广泛的应用。

　　分支学科及其研究内容　①矿物形貌学。研究矿物晶体形态和表面微形貌，并据此探索其生长机制和生成历史。②成因矿物学。研究矿物个体和群体的形成，结合物理化学和地质条件，探索矿物的成因。研究矿物成分、结构、形态、物性上反映生成条件的标志——标型特征。成因矿物学已应用于地质找矿，并逐渐形成找矿矿物学。③实验矿物学。通过矿物的人工合成，模拟和探索矿物形成的条件及规律。④结构矿物学。探索矿物晶体结构，研究矿物化学成分与晶体结构的关系，进而探讨矿物成分、晶体结构与形态、性能、生成条件的关系。⑤矿物物理学。固体物理学、量子化学理论及谱学实验方法引入矿物学所产生的边缘学科。这一学科的发展使矿物学的研究从原子排列深入到原子内部的电子层和核结构。它研究矿物化学键的本质、精细结构与物理性能。⑥光性矿物学。主要探讨在显微镜下，矿物的各种光学性质和镜下测定各种矿物光学常数的方法。已建立起完备的以矿物光学常数为依据的矿物鉴定表，它是矿物鉴定的主要手段之一。⑦矿物材料学。矿物学与材料科学相结合的新分支。研究矿物的物理、化学性能和工艺特性在科学技术和生产中的开发应用。

此外，尚有按分类体系系统地阐述各类矿物的系统矿物学；以某类矿物为对象的专门研究，如硫化物矿物学、硅酸盐矿物学、黏土矿物学、宝石矿物学等；全面研究某一地区内矿物的区域矿物学；研究地幔矿物的地幔矿物学；研究其他天体矿物的宇宙矿物学（包括陨石矿物学、月岩矿物学等）。

研究方法　野外研究方法包括矿物的野外地质产状调查和矿物样品的采集。室内研究方法很多。手标本的肉眼观察，包括双目显微镜下观察和简易化学试验，是矿物研究必要的基础。偏光和反光显微镜观察包括矿物基本光学参数的测定广泛用于矿物种的鉴定。矿物晶体形态的研究方法包括用反射测角仪进行晶体测量和用干涉显微、扫描电子显微镜对晶体表面微形貌的观察。检测矿物化学成分的方法有：光谱分析，常规的化学分析，原子吸收光谱、激光光谱、X射线荧光光谱和极谱分析，电子探针分析，中子活化分析等。在物相分析和矿物晶体结构研究中，最常用的方法是粉晶和单晶的X射线分析，来测定晶胞参数、空间群和晶体结构。此外，还有红外光谱用作结构分析的辅助方法，测定原子基团；以穆斯堡尔谱测定铁等的价态和配位；用可见光吸收谱作矿物颜色和内部电子构型的定量研究；以核磁共振测定分子结构；以顺磁共振测定晶体结构缺陷（如色心）；以热分析法研究矿物的脱水、分解、相变等。透射电子显微镜的高分辨性能可用来直接观察超微结构和晶格缺陷等，在矿物学研究中日益得到重视。为了解决某方面专门问题，还有一些专门的研究方法，如包裹体研究法、同位素研究法等。矿物作为材料，还根据需要作某方面的物理化学性能的试验。

与其他学科的关系 矿物是结晶物质，具有晶体的各种基本属性。因此，结晶学与化学、物理学一起，都是矿物学的基础。历史上，结晶学就曾是矿物学的一个组成部分。矿物本身是天然产出的单质或化合物，同时又是组成岩石和矿石的基本单元，因此矿物学是岩石学、矿床学的基础，并与地球化学、宇宙化学都密切相关。矿物学还是研究矿物原料和材料的寻找、开发和应用的基础，因此它与找矿勘探地质学、采矿学、选矿学、冶金学、材料科学的关系也很密切。此外，矿物学运用数学、化学和物理学的理论和技术，并彼此相互渗透和结合，还产生了如矿物物理学等新的边缘学科。

展望 矿物学发展趋向是：①研究领域扩大，即由地壳矿物到地幔矿物和其他天体的宇宙矿物，由天然矿物到人工合成矿物。②研究内容由宏观向微观纵深发展，由主要组分到微量元素，由原子排列的平均晶体结构到局部具体的晶体结构和涉及原子内电子间及原子核的精细结构。③矿物学在应用领域的迅速发展，矿物学的研究成果除在地质学研究和找矿工作中进一步得到应用外，矿物本身的研究目标，已不仅在于主要把它作为提取某种有用成分的矿物原料，还在于从中获得具有各种特殊性能的矿物材料，这方面的研究具有广阔的发展前景。

[二、矿物]

天然产出、具有一定的化学成分和有序的原子排列，通常由无机作用所形成的均匀固体。

概述 在科学发展史上，矿物的定义曾经多次演变。按现代概念，矿物首先

必须是天然产出的物体，从而与人工制备的产物相区别。但对那些虽由人工合成，而各方面特性均与天然产出的矿物相同或密切相似的产物，如人造金刚石、人造水晶等，则称为人工合成矿物。早先，曾将矿物局限于地球上由地质作用形成的天然产物。但是，近代对月岩及陨石的研究表明，组成它们的矿物与地球上的类同，有时只是为了强调它们的来源，称它们为月岩矿物和陨石矿物，或统称为宇宙矿物。另外，还常分出地幔矿物，以与一般产于地壳中的矿物相区别。

其次，矿物必须是均匀的固体。气体和液体显然都不属于矿物。但有人把液态的自然汞列为矿物；一些学者把地下水、火山喷发的气体也都视为矿物。至于矿物的均匀性则表现在不能用物理的方法把它分成在化学成分上互不相同的物质。这也是矿物与岩石的根本差别。

此外，矿物这类均匀的固体内部的原子是作有序排列的，即矿物都是晶体。但早先曾把矿物仅限于"通常具有结晶结构"，作为特例，诸如水铝英石等极少数天然产出的非晶质体，也被划入矿物。这类在产出状态和化学组成等方面的特征均与矿物相似，但不具结晶构造的天然均匀固体特称为似矿物。似矿物也是矿物学研究的对象，往往并不把似矿物与矿物严格区分。

每种矿物除有确定的结晶结构外，还都有一定的化学成分，因而还具有一定的物理性质。矿物的化学成分可用化学式表达，如闪锌矿和石英可分别表示为 ZnS 和 SiO_2。但实际上所有矿物的成分都不是严格固定的，而是可在程度不等的一定范围内变化。造成这一现象的原因是矿物中原子间的广泛类质同象替代。如闪锌矿（ZnS）中总是有 Fe^{2+} 替代部分的 Zn^{2+}，$Zn:Fe$（原子数）可在 $1:0$ 到 $6:5$ 间变化，此时其化学式则写为 $(Zn, Fe)S$。石英的成分非常接近于纯的 SiO_2，但仍含有微量的 Al^{3+} 或 Fe^{3+} 等类质同象杂质。

最后，矿物一般是由无机作用形成的。早先曾把矿物全部限于无机作用的产物，以此与生物体相区别。后来发现有少数矿物，如石墨及某些自然硫和方解石，是有机起源的，但仍具有作为矿物的其余全部特征，故作为特例，仍归属于矿物。

至于煤和石油，都是由有机作用所形成，且无一定的化学成分，故均为非矿物，也不属于似矿物。绝大多数矿物都是无机化合物和单质，仅有极少数是通过无机作用形成的有机矿物，如草酸钙石 $[Ca(C_2O_4) \cdot 2H_2O]$ 等。

形态　矿物千姿百态，就其单体而言：它们的大小悬殊，有的用肉眼或用一般的放大镜可见（显晶），有的需借助显微镜或电子显微镜辨认（隐晶）。有的晶形完好，呈规则的几何多面体形态，有的呈不规则的颗粒存在于岩石或土壤之中。矿物单体形态大体上可分为三向等长（如粒状）、二向延展（如板状、片状）和一向伸长（如柱状、针状、纤维状）3 种类型。而晶形则服从一系列几何结晶学规律。

矿物单体间有时可以产生规则的连生，同种矿物晶体可以彼此平行连生，也可以按一定对称规律形成双晶，非同种晶体间的规则连生称浮生或交生。

矿物集合体可以是显晶或隐晶的。隐晶或胶态的集合体常具有各种特殊的形态，如结核状（如磷灰石结核）、豆状或鲕状（如鲕状赤铁矿）、树枝状（如树枝状自然铜）、晶腺状（如玛瑙）、土状（如高岭石）等。

物理性质　长期以来，人们根据物理性质来识别矿物。如颜色、光泽、硬度、解理、密度和磁性等都是矿物肉眼鉴定的重要标志。

作为晶质固体，矿物的物理性质取决于它的化学成分和晶体结构，并体现着一般晶体所具有的特性——均一性、对称性和各向异性。

矿物的颜色多种多样。呈色的原因，一类是白色光通过矿物时，内部发生电子跃迁过程而引起对不同色光的选择性吸收所致；另一类则是物理光学过程所致。导致矿物内电子跃迁的内因，最主要的是：①色素离子的存在，如 Fe^{3+} 使赤铁矿呈红色，V^{3+} 使钒榴石呈绿色等。②晶格缺陷形成"色心"，如萤石的紫色等。矿物学中一般将颜色分为 3 类：自色是矿物固有的颜色；他色是指由混入物引起的颜色；假色则是由于某种物理光学过程所致，如斑铜矿新鲜面为古铜红色，氧化后因表面的氧化薄膜引起光的干涉而呈现蓝紫色的锖色。矿物内部含有定向的细微包裹体，当转动矿物时可出现颜色变幻的变彩，透明矿物的解理或裂隙有时可引起光的干涉而出现彩虹般的晕色等。

条痕是指矿物在白色无釉的瓷板上划擦时所留下的粉末痕迹。条痕色可消除假色，减弱他色，通常用于矿物鉴定。

光泽是指矿物表面反射可见光的能力。根据平滑表面反光的由强而弱分为金属光泽（状若镀克罗米金属表面的反光，如方铅矿）、半金属光泽（状若一般金属表面的反光，如磁铁矿）、金刚光泽（状若钻石的反光，如金刚石）和玻璃光泽（状若玻璃板的反光，如石英）4级。金属和半金属光泽的矿物条痕一般为深色，金刚或玻璃光泽的矿物条痕为浅色或白色。此外，若矿物的反光面不平滑或呈集合体时，还可出现油脂光泽、树脂光泽、蜡状光泽、土状光泽及丝绢光泽和珍珠光泽等特殊光泽类型。

透明度是指矿物透过可见光的程度。影响矿物透明度的外在因素（如厚度、含有包裹体、表面不平滑等）很多，通常是在厚为 0.03 毫米薄片的条件下，根据矿物透明的程度，将矿物分为：透明矿物（如石英）、半透明矿物（如辰砂）和不透明矿物（如磁铁矿）。许多在手标本上看来并不透明的矿物，实际上都属于透明矿物如普通辉石等。一般具玻璃光泽的矿物均为透明矿物，具金属或半金属光泽的为不透明矿物，具金刚光泽的则为透明或半透明矿物。

矿物在外力作用如敲打下，沿任意方向产生的各种断面称为断口。断口依其形状主要有贝壳状、锯齿状、参差状、平坦状等。在外力作用下矿物晶体沿着一定的结晶学平面破裂的固有特性称为解理。解理面平行于晶体结构中键力最强的方向，一般也是原子排列最密的面网发生，并服从晶体的对称性。解理面可用单形符号表示，如方铅矿具立方体 {100} 解理、普通角闪石具 {110} 柱面解理等。根据解理产生的难易和解理面完整的程度将解理分为极完全解理（如云母）、完全解理（如方解石）、中等解理（如普通辉石）、不完全解理（如磷灰石）和极不完全解理（如石英）。裂理又称裂开，是矿物晶体在外力作用下沿一定的结晶学平面破裂的非固有性质。它外观极似解理，但两者产生的原因不同，裂理往往是因为含杂质夹层或双晶的影响等并非某种矿物所必有的因素所致。

硬度是指矿物抵抗外力作用（如刻划、压入、研磨）的机械强度。矿物学中最常用的是莫氏硬度（又称摩斯硬度），它是通过与具有标准硬度的矿物相互刻划比较而得出的。10种标准硬度的矿物组成了莫氏（摩斯）硬度计，从1度到10度分别为滑石、石膏、方解石、萤石、磷灰石、正长石、石英、黄玉、刚玉、金刚石。10个等级只表示相对硬度的大小。为了简便还可以用指甲（2.5）、小钢刀（5～5.5）、窗玻璃（5.5）作为辅助标准，粗略地定出矿物的莫氏硬度。另一种硬度为维氏硬度，是压入硬度，用显微硬度仪测出，以千克/毫米^{2}表示。矿物的硬度与晶体结构中化学键型、原子间距、电价和原子配位等密切相关。

密度是指矿物的质量和其体积的比值，单位为克/厘米^3。矿物密度取决于组成元素的原子量和晶体结构的紧密程度。虽然不同矿物的密度差异很大，琥珀的密度小于1，而自然铱的密度可高达22.7，但大多数矿物具有中等密度（2.5～4.0）。矿物的密度可以实测，也可以根据化学成分和晶胞体积计算出理论值。

某些矿物（如云母）受外力作用弯曲变形，外力消除，可恢复原状，显示弹性；而另一些矿物（如绿泥石）受外力作用弯曲变形，外力消除后不再恢复原状，显示挠性。大多数矿物为离子化合物，它们受外力作用容易破碎，显示脆性。少数具金属键的矿物（如自然金），具延性（拉之成丝）、展性（捶之成片）。

根据矿物内部所含原子或离子的原子本征磁矩的大小及其相互取向关系的不同，它们在被外磁场所磁化时表现的性质也不相同，从而可分为抗磁性（如石盐）、顺磁性（如黑云母）、反铁磁性（如赤铁矿）、铁磁性（如自然铁）和亚铁磁性（如磁铁矿）。由于原子磁矩是由不成对电子引起的，因而凡只含饱和的电子壳层的原子和离子的矿物都是抗磁的，而所有具有铁磁性或亚铁磁性、反铁磁性、顺磁性的矿物都是含过渡元素的矿物。但若所含过渡元素离子中不存在不成对电子时（如毒砂），则矿物仍是抗磁的。具铁磁性和亚铁磁性的矿物可被永久磁铁所吸引；

具亚铁磁性和顺磁性的矿物则只能被电磁铁所吸引。矿物的磁性常被用于探矿和选矿。

发光性是指某些矿物受外来能量激发能发出可见光。加热、摩擦以及阴极射线、紫外线、X射线的照射都是激发矿物发光的因素。激发停止，发光即停止的称为荧光；激发停止，发光仍可持续一段时间的称为磷光。矿物发光性可用于矿物鉴定、找矿和选矿。

化学成分和晶体结构　化学组成和晶体结构是每种矿物的基本特征，是决定矿物形态和物理性质及成因的根本因素，也是矿物分类的依据，矿物的利用也与其密不可分。

化学元素是组成矿物的物质基础。地壳中各种元素的平均含量（克拉克值）不同。氧、硅、铝、铁、钙、钠、钾、镁8种元素就占了地壳总重量的97%，其中氧约占地壳总重量的一半（49%），硅占地壳总重量的1/4以上（26%）。故地壳中上述元素的氧化物和含氧盐（特别是硅酸盐）矿物分布最广。它们构成了地壳中各种岩石的主要组成矿物。其余元素相对而言虽微不足道，但由于它们的地球化学性质不同，有些趋向聚集，有的趋向分散。某些元素如锑、铋、金、银、汞等克拉克值甚低，均在千万分之二以下，但仍聚集形成独立的矿物种，有时并可富集成矿床；而某些元素如铷、镓等的克拉克值虽远高于上述元素，但趋于分散，不易形成独立矿物种，一般仅以混入物形式分散于某些矿物成分之中。

矿物都是晶体，都有一定的几何多面体外形，但决定晶体本质的是晶体内部的结构。晶体结构是组成晶体的原子、离子或分子在晶体内部以一定的键力相结合而构成的空间分布。这种分布具有一定规律的周期性和对称性。晶体结构的基本特征是质点在三维空间的周期性平移重复。探讨质点的重复规律和原子的具体排布（原子的堆积和配位）是晶体结构研究的主要内容。在非共价键的矿物（如自然金属、卤化物及氧化物矿物等）晶体结构中，原子常呈最紧密堆积，配位数（即原子或离子周围最邻近的原子或异号离子数）取决于阴阳离子半径的比值。当共价键为主时（如硫化物矿物），配位数和配位型式取决于原子外层电子的构型，即共价键的方向性和饱和性。对于同一种元素而言，其原子或离子的配位数还受到矿物形成时的物理化学条件的影响。温度增高，配位数减小；压力增大，配位数增大。矿物晶体结构可以看成是配位多面体（把围绕中心原子并与之形成配位关系的原子用直线联结起来获得的几何多面体）共角顶、共棱或共面联结而成。

一定的化学成分和一定的晶体结构构成一个矿物种。但化学成分可在一定范围内变化。矿物成分变化的原因，除那些不参加晶格的机械混入物、胶体吸附物质的存在外，最主要的是晶格中质点的替代，即类质同象替代，它是矿物中普遍存在的现象。可相互取代、在晶体结构中占据等同位置的两种质点，彼此可以呈有序或无序的分布。

矿物的晶体结构不仅取决于化学成分，还受到外界条件的影响。同种成分的物质，在不同的物理化学条件（温度、压力、介质）下可以形成结构各异的不同矿物种。这一现象称为同质多象。如金刚石和石墨的成分同样是碳单质，但晶体结构不同，性质上也有很大差异。它们被称为碳的不同的同质多象变体。如果化学成分相同或基本相同，结构单元层也相同或基本相同，只是层的叠置层序有所差异时，则称它们为不同的多型。如石墨 2H 多型（两层一个重复周期，六方晶系）和 3R 多型（三层一个重复周期，三方晶系）。不同多型仍看作同一个矿物种。

矿物的化学成分一般采用晶体化学式表达。它既表明矿物中各种化学组分的种类、数量，又反映了原子结合的情况。如铁白云石 $Ca(Mg, Fe, Mn)[CO_3]_2$，圆括号内按含量多少依次列出相互成类质同象替代的元素，彼此以逗号分开；方括号内为络阴离子团。当有水分子存在时，常把它写在化学式的最后，并以圆点与其他组分隔开，如石膏 $Ca[SO_4] \cdot 2H_2O$。

成因产状　矿物是化学元素通过地质作用等过程发生运移、聚集而形成。具体的作用过程不同，所形成的矿物组合也不相同。矿物在形成后，还会因环境的变迁而遭受破坏或形成新的矿物。

岩浆作用发生于温度和压力均较高的条件下。主要从岩浆熔融体中析出橄榄石、辉石、角闪石、云母、长石、石英等主要造岩矿物，它们组成了各类岩浆岩。同时还有铬铁矿、铂族元素矿物、金刚石、钒钛磁铁矿、铜镍硫化物以及含磷、锆、铌、钽的矿物形成。

伟晶作用中矿物在 $700 \sim 400℃$、外压大于内压的封闭系统中生成，所形成的矿物颗粒粗大。除长石、云母、石英外，还有富含挥发组分氟、硼的矿物如黄玉、电气石，含锂、铍、铷、铯、铌、钽、稀土等稀有元素的矿物如锂辉石、绿柱石和含放射性元素的矿物形成。

热液作用中矿物从气液或热水溶液中形成。高温热液（$400 \sim 300℃$）以钨、锡的氧化物和钼、铋的硫化物为代表；中温热液（$300 \sim 200℃$）以铜、铅、锌的硫化物矿物为代表；低温热液（$200 \sim 50℃$）以砷、锑、汞的硫化物矿物为代表。此外，热液作用还有石英、方解石、重晶石等非金属矿物形成。

风化作用中早先形成的矿物，可在阳光、大气和水的作用下，化学风化成一些在地表条件下稳定的其他矿物，如高岭石、硬锰矿、孔雀石、蓝铜矿等。金属硫化物矿床经风化产生的 $CuSO_4$ 和 $FeSO_4$ 溶液，渗至地下水面以下，再与原生金属硫化物反应，可产生含铜量很高的辉铜矿、铜蓝等，从而形成铜的次生富集带。化学沉积中，由真溶液中析出的矿物如石膏、石盐、钾盐，硼砂等；由胶体溶液凝聚生成的矿物如鲕状赤铁矿、肾状硬锰矿等。生物沉积可形成如硅藻土（蛋白石）等。

区域变质作用形成的矿物趋向于结构紧密、密度大和不含水。在接触变质作用中，当围岩为碳酸盐岩石时，可形成夕卡岩，它由钙、镁、铁的硅酸盐矿物如透辉石、透闪石、石榴子石、符山石、硅灰石、硅镁石等组成。后期常伴随着热液矿化形成铜、铁、钨和多金属矿物的聚集。围岩为泥质岩石时可形成红柱石、堇青石等矿物。

空间上共存的矿物属于同一成因和同一成矿期形成的，则称它们是共生，否则称为伴生。研究矿物的共生、伴生组合与生成顺序，有助于探索矿物的成因和生成历史。就同一种矿物而言，在不同的条件下形成时，其成分、结构、形态或物性上可能显示不同的特征，称为标型特征，它是反映矿物生成和演化历史的重要标志。

分类 矿物分类方法很多。早期曾采用纯以化学成分为依据的化学成分分类。以后有人提出以元素的地球化学特征为依据的地球化学分类，以矿物的工业用途为依据的工业矿物分类等。一般广泛采用以矿物本身的成分和结构为依据的晶体化学分类。按此分为下列几大类：自然元素矿物（如自然金、自然铜、金刚石、石墨等）、硫化物及其类似化合物矿物（如辉铜矿、辰砂、黄铜矿、黄铁矿等）、卤化物矿物（如萤石、石盐、钾石盐等）、氧化物及氢氧化物矿物（如刚玉、金红石、尖晶石、铬铁矿、铝土矿、褐铁矿等）、含氧盐矿物（包括硅酸盐、硼酸盐、碳酸盐、磷酸盐、砷酸盐、钒酸盐、硫酸盐、钨酸盐、钼酸盐、硝酸盐、铬酸盐矿物等）。

矿物命名 中国习惯上把具金属或半金属光泽的或可以从中提炼某种金属的矿物，称为某某"矿"，如方铅矿、黄铜矿；把具玻璃光泽或金刚光泽的矿物称为某某"石"，如方解石、孔雀石；把硫酸盐矿物常称为某"矾"，如胆矾、铅矾；把玉石类矿物常称为某"玉"，如硬玉、软玉；把地表松散矿物常称为某"华"，如砷华、钨华。

至于具体命名则又有各种不同的依据。有的依据矿物本身的特征，如成分、形态、物性等命名；有的以发现、产出该矿物的地点或某人的名字命名。例如锂铍石（liberite，成分）、金红石（rutile，颜色）、重晶石（barite，密度）、十字石（staurolite，双晶形态）、香花石（hsianghualite，产地）、彭志忠石（pengzhizhongite，人名）等。矿物的中文名称除少数由中国学者发现和命名（如锂铍石、香花石、彭志忠石等）及沿用中国古代名称（如石英、云母、方解石、雄黄等）者外，主要均来源于外文名称。其中有的意译，如上述的金红石、重晶石、十字石等；少数为音译，如埃洛石（halloysite）等；大多数则根据矿物成分，间或考虑物性、形态等特征另行定名。如硅灰石（wollastonite）是为纪念英国化学家 W.H. 沃拉斯顿（Wollaston）而命名，黝铜矿（tetrahedrite，意译应为四面体矿）等，还有音译首音节加其他考虑的译名，如拉长石（labradorite 来源于加拿大地名 Labrador）等。

新矿物 世界上已知矿物约 4000 种。随着研究手段的改进，新矿物种的发现逐年增多。若以 20 年为一个计算单位，则新矿物的发现，1880～1899 年为 87 种，1900～1919 年为 185 种，1920～1939 年为 256 种，1940～1959 年为 347 种。20 世纪 80 年代平均每年发现新矿物约 40～50 种。21 世纪初平均每年发现 60 余种。

［三、自然元素矿物］

自然元素矿物是自然界形成的单质矿物。已知有 60 余种（包括同质多象变体和金属互化物）。自然元素单质矿物可分成三类。①自然金属元素单质矿物：主要是铜族元素矿物（自然铜、自然银、自然金）和铂族元素矿物（自然锇、自然铱、自然铂、自然钌、自然铑、自然钯）；其次是铁族元素矿物（自然铁、自然镍），它主要产于铁陨石中；偶见自然钴、铅、锌、锡、汞等。这些金属单质矿物都具有典型的金属键、原子堆积紧密、结构类型简单、对称程度较高（等轴晶系为主，少数呈六方晶系）的特点。常呈粒状或板状，金属色，金属光泽，良好的导电性、导热性和延展性，无解理、低硬度、高密度。②自然半金属元素单质矿物（自然砷、自然锑、自然铋），三者晶体均属三方晶系，多呈粒状或片状。锡白色或银白色，金属光泽，解理完全。由于砷、锑、铋原子结构的不同，导致三者的性质有明显差异。从自然砷至自然铋，金属性、密度、延展性依序增强；硬度、脆性和解理的完全程度依次减弱。③自然非金属元素单质矿物：主要是碳和硫，另有单质硒、碲。碳的电子层结构，决定了碳－碳之间以共价键结合时，有多种杂化轨道形式，从而形成碳的四种同质多象变体：金刚石（sp^3）、石墨（sp^2）、富勒烯（sp^2-sp^3）、卡宾（sp）。其中金刚石和石墨，在自然界能聚集形成矿床。富勒烯和卡宾，先是人工合成产物，但在中国云南一些煤层里，已发现有富勒烯的存在；这些矿物都具有丰富的多型。硫也有三种变体：最常见的是属于斜方晶系的自然硫（$\alpha-S$），其他两个是单斜晶系的$\beta-$硫（$\beta-S$）和$\gamma-$硫（$\gamma-S$）。

自然元素单质矿物有多种成因，这与元素地球化学行为密切相关。铁族和铂族元素矿物与超基性、基性岩有关，多见于岩浆矿床中。铜族元素矿物，主要在热液或表生条件下形成。金刚石与超基性岩关系密切。石墨是典型的变质作用产物。自然硫，主要由火山作用与生物化学作用形成。铂族元素矿物、自然金、金刚石等化学性能稳定的矿物，在表生条件下可能形成巨大的砂矿床。

[四、金矿]

金矿是具有工业开采价值的自然金或其他含金矿物聚集体。金是人类最早利用的，也是自古以来最受人类珍惜的金属之一。从世界各国出土的金器文物中，推断距今约五千至六千年前，人类就能认识和利用黄金。最先利用的黄金是由淘沙而得。

金在自然界主要以单质和碲化物的形式产出。常见的金矿物有自然金、黑铋金矿、金铜矿、碲金矿、白碲金银矿、亮碲金矿、方锑金矿等。

自然金常含有银、铜、铁等金属元素，或与它们结合形成金银矿、金铜矿、铜金矿等。在许多矿物里，金以微量和痕量状态存在；在铜、银、铂族金属矿物中含金量较高；在含有铂族金属的砷、锑化合物，黄铁矿、毒砂、方铅矿、闪锌矿、黄铜矿、辉铜矿、斑铜矿、辉银矿等矿物中，常含少量金。金在这些矿物里，

《中国大百科全书》普及版 ◎ 芝麻开门——大地矿藏 zhimakaimen dadikuangcang

可呈肉眼易见的包裹金、裂隙金或肉眼
不可见的晶格金而存在。

块状自然金（3cm，四川）

自然金是提炼金的最主要矿物。
在金矿里，矿物组合一般都比
较简单。最常见的是金-银系列
矿物与石英、黄铁矿共生，石英
和黄铁矿是金的主要载体矿物。
在金-银系列矿物中，通常把含金
量75%以上，称自然金；75%～50%者，称银金矿；50%～20%者，称金银矿；
小于20%者，称自然银。银的含量决定了自然金（或金条、金币）的成色。一
般规定成色就是用千分数表示试样中纯金所占比例；成色的表达式：真金成色＝
$Au/(Au + Ag) \times 1000$。因此，940分成色的自然金，就意味这个自然金里含金量为
94%。天然金的成色随着银含量的增多而降低，金的颜色也随之变浅。当银的含
量大于65%时，颜色变成银白色。一般氧化带和砂矿里的自然金成色高于原生金
矿石里的金。

自然金属等轴晶系。晶体多呈八面体状，常见的集合体形态有树枝状、海绵
状、粒状、层片状；在硫化物或其他矿物中，还呈水滴状包体；偶呈不规则的大块
体，称块金或"狗头金块"。自然金晶体形态和粒度的变化与形成深度、沉积空间
有密切关系。已知天然金块的重量可从不到1盎司（等于28.3495克）至2400盎司
范围内变化。在美国加利福尼亚州发现重达2340盎司（66337.83克）大型块金；
在澳大利亚维多利亚州也发现重达2284盎司的块金。1985年7月和9月先后
在中国四川省白玉县采到4200克和6300克重的块金（相当于148.15盎司和
222.2盎司）。自然金呈金黄色，金属光泽。具有强延展性和韧性。1盎司金可
锤成面积约300平方英尺（27.87平方米）的金箔。莫氏硬度2.5～3.0。纯金
密度19.3克/厘米^3。无解理。化学性能稳定，不溶于水、不溶于一般酸和强碱，

只溶于王水、氰化钾溶液、热硫酸。传统的"混汞法"就是利用金与汞结合形成汞齐的方法，从矿石中提取金。

金在自然界分布十分广泛，它是所有金属里最常见的天然元素之一。但金元素聚集成矿产是有条件的。金矿资源主要有岩金、砂金和伴生金三种。大多数岩金矿床属于热液矿床（含变质热液金矿、岩浆热液金矿、火山热液金矿和地下水渗流热液金矿）及外生沉积型砂砾岩金矿。南非一直是世界最大黄金生产国，依次是美国、澳大利亚、俄罗斯、乌兹别克斯坦、加拿大等。据2001年统计资料，世界金储量50000吨，黄金矿山产量2573吨，中国生产黄金162.3吨（2000年）。世界著名产地有南非威特沃特斯兰德、乌兹别克斯坦的穆龙套、澳大利亚新南威尔士、美国加利福尼亚和阿拉斯加、加拿大安大略等。中国金矿产地有山东招远、台湾金瓜石、吉林夹皮沟、贵州紫木函和烂泥沟、湖北鸡冠咀、黑龙江团结沟等。

黄金很早就用于制造装饰品和货币，也一直是国际贸易结算手段和货币信用的基础。黄金的主要消费领域有：首饰、电子产品、牙科、工业、装饰、官方金币（含金条储备和投资）。珠宝首饰用金需求量2000年仍维持强劲势头，约占总需求的80.5%。黄金的货币职能在逐渐减弱，2000年世界黄金储备仅占总需求的5.0%。电子工业用金量在不断增长，主要是电信和计算机工业需求不断增长。

[五、银矿]

具有开采价值的天然含银矿物聚集体。银矿物多以硫化物形式出现。常见银矿物有自然银、银金矿、金银矿、辉银矿、螺状硫银矿、脆银矿、硫铜银矿、淡红银矿、浓红银矿、银黝铜矿、碲银矿、角银矿等。银也常以类质同象形式在硫化物中替代铂、锌、铜等之类，出现富银的方铅矿、闪锌矿、黄铜矿、辉铜矿等。自然界单一银矿床较为少见；主要与金或有色金属共生或伴生于其他有色金属矿床中。全世界 2/3 的银来自铜、铅、锌、金等有色及贵金属矿床，只有 1/3 来自以银为主的银矿床。银矿工业品位规定为 100 ～ 120 克 / 吨，边界品位为 50 ～ 60 克 / 吨，当银的品位达到 5 ～ 10 克 / 吨，就具有伴生银矿的价值。在实际工作中常用 100 克 / 吨品位值作为界线，把银大于 100 克 / 吨的矿床，列为独立银矿床；把银小于 100 克 / 吨的矿床，视为其他金属矿的伴生矿。银矿成因类型有侵入岩型、火山-沉积岩型、沉积岩型、沉积变质岩型、沉积改造（再造）型。在中国，后 3 种类型占主要地位。2001 年，世界银矿储量前五位的国家是加拿大、墨西哥、美国、澳大利亚、秘鲁，其储量约占世界总储量（28 万吨）的一半，中国名列第 7 位（1.8 万吨）。在国外，与中酸性浅成侵入岩火山岩有关的银矿床占重要地位。主要产地有墨西哥瓜纳华托州、美国科姆斯托克、加拿大安大略科博尔特区、澳大利亚新南威尔士州、秘鲁安第斯山脉的中段和南段。中国主要银矿产地有陕西柞水银洞子、江西贵溪冷水坑、河南桐柏山、四川白玉麻邛、湖北兴山白果园、广东仁化凡口等。大量古代随葬品说明，中国是世界上最早利用银矿资源的国家之一，从中国铁器时代早期至明清历史时期，对银矿开采、冶炼及加工银器的工艺都已达到相当高的水平。随着社会发展，银矿已是各国发展感光材料、电子、电器、催化剂、核控制等行业的重要资源，首饰业和银器制作也是重要的银消费领域。此外，铸币用银也占一定比重。人们十分重视从各种废料中回收银，增加代用品，达到增产降耗、保护环境的效果。

[六、铜矿]

铜矿是具有开采利用价值的铜矿物聚集体。中国开采利用铜矿资源已有 3000 多年的悠久历史。已发现的含铜矿物有 240 余种，主要以硫化物、氧化物和碳酸盐形式存在。常见的铜矿物有：自然铜、黄铜矿、斑铜矿、辉铜矿、铜蓝、孔雀石、蓝铜矿、黝铜矿、砷黝铜矿等。它们在铜矿床中，常与黄铁矿、磁黄铁矿、方铅矿、闪锌矿、磁铁矿、针镍矿、镍黄铁矿等金属矿物共生产出。铜矿物也常出现于其他矿床中，虽数量不多，有时可达到综合利用程度。铜矿工业指标：对硫化矿石，铜的最低品位为0.4%～0.5%，边界品位为0.2%～0.3%；对氧化矿石，铜的最低品位为0.7%，边界品位为0.5%。无论是哪种矿石类型，都需要经过选矿富集，使铜品位达到20%～30%，才能用于冶炼。世界铜矿类型很多，主要有：斑岩型、砂页岩型、铜镍硫化物型、黄铁矿型、脉型、夕卡岩型、层控碳酸盐岩型等。据2001年资料，世界铜储量为34000万吨，斑岩型铜矿的储量最大，约占世界总储量的55.3%。美国地质调查局估计，世界陆地铜资源量为16亿吨，深海底和海山区的多结核和结壳中的铜资源量为7亿吨，洋底或海底热泉形成的金属矿化物矿床中也含有大量的铜资源，说明世界铜资源的勘查潜力较大。

斑岩型铜矿主要产于环太平洋（中-新生代）带、特提斯-喜马拉雅带（以中-新生代为主）和中亚-蒙古（古生代）带中。矿床规模巨大（最大矿床的铜储量达6935万吨），埋藏浅，易于露天开采，但通常矿石品位较低（含铜0.3%～1.5%），后期风化淋滤作用常使其富化。主要共伴生矿产有钼、金、银和硫等。中国的江西德兴铜矿、西藏昌都江达县玉龙铜矿都属斑岩型。砂页岩型铜矿主要产于不同地质时代的沉积盆地中，著名的矿床有非洲的刚果（金）-赞比亚铜矿带，波兰的卢宾和俄罗斯的乌多坎等。黄铁矿型铜矿主要产于各地质时代的褶皱带中，常赋存于火山岩建造中，共伴生矿产多（铅、锌、金、银和硫等）。著名矿床有俄罗斯的乌拉尔地区，美国克兰登，加拿大诺兰达，日本北陆地区，西班

自然铜

牙里奥廷托，塞浦路斯特罗多斯山和中国甘肃的白银厂。铜镍硫化物矿床产于基
性-超基性岩体中，主要矿产为镍和铜，共生、伴生有钴、铂族、金、银、铬、硒、碲、
镓、铟和锗等，如加拿大的萨德伯里、俄罗斯的诺里尔斯克、中国甘肃的金川等。
中国的铜矿资源中超大型、大型矿床较少，含铜品位偏低，但铜矿资源勘查潜力
仍较大。世界上铜消费量最大的国家是美国、中国、日本和德国。2000 年世界精
炼铜消费量为 1511.98 万吨。铜的消费结构一直比较稳定。2001 年美国铜的消费
构成为：建筑业 39%，电器和电子工业 28%，工业机械和设备 11%，运输设备
11%，日用消费品 11%。

[七、铁矿]

具有一定规模、主要用于冶炼钢铁的铁矿物聚集体。工业上能用于冶炼钢铁
的是铁的氧化物和碳酸盐，主要有：磁铁矿、钛铁矿、钒钛磁铁矿、镜铁矿、赤
铁矿（包括假像赤铁矿、针铁矿等）、褐铁矿和菱铁矿。世界铁矿资源丰富，矿
床类型繁多。按成因铁矿床主要有 5 大类：岩浆型、夕卡岩型、沉积型、风化型
和区域变质型。其中，区域变质型铁矿（变质海相火山-沉积型）经济意义最大，
在世界铁矿资源中约占世界资源量的 90%，而且与其有关的富铁矿（矿石全铁含
量 ≥ 50%）的储量约占世界富铁矿总量的 70% 以上。这种类型的铁矿床主要分
布于澳大利亚的哈默斯利、俄罗斯的库尔斯克、巴西的米纳斯吉拉斯和卡拉雅斯、
美国的苏必利尔湖、乌克兰的刻赤，以及中国的鞍山、本溪铁矿等。见鞍山式铁
矿床。

世界铁矿储量为 1400 亿吨（矿石量）、含铁量为 720 亿吨（据 2002 年美国
地质调查局资料）。铁矿石中的有害杂质组分是二氧化硅（应小于 13%），硫、磷、
砷的含量应小于 0.2% 或 0.1%。中国铁矿探明储量为 75 亿吨，但贫矿多、富矿少，

能直接入炉冶炼的富矿石保有储量更少。中国铁矿石中共（伴）生组分多，常含有钒、钛、稀土、铌、铜、铅、锌、钨、锡、铜、金、钼、钴等多种有益组分，为综合利用铁矿、大幅度提高矿床经济效益提供了条件。

中国的铁矿成因类型齐全，也以区域变质型最为重要，探明储量居各铁矿类型之首。与岩浆作用直接有关的铁矿所占比例高于世界同类型铁矿。①与基性、超基性岩浆有关的岩浆型铁矿，有四川攀枝花和河北大庙-黑山钒钛磁铁矿矿床。②与中酸性岩浆有关的铁矿床，包括夕卡岩型和热液型，如新疆磁海、河北的邯邢、湖北大冶、福建马坑等地的铁矿床。③与火山-侵入活动有关的铁矿床，如宁芜、庐纵地区（又称玢岩铁矿）、云南大红山等地的铁矿床。沉积型铁矿一般为中低品位的铁矿，主要铁矿物为赤铁矿、褐铁矿和菱铁矿，如华北的宣龙式铁矿和华南的宁乡式铁矿。内蒙古白云鄂博铁矿床，是世界上唯一的超大型铁-稀土金属矿床，矿石全铁含量32%～36%，有些矿段也有富矿石分布，铁矿石中除普遍含铌、稀土元素和氟外，含硫、磷亦较高。

[八、磷矿]

具有一定规模和开采利用价值的磷酸盐矿物聚集体。磷矿的工业矿物主要是磷灰石，其次有磷铝石、鸟粪石和银星石等。根据化学成分，磷灰石又可分为氟磷灰石、氯磷灰石、碳磷灰石、羟磷灰石，其中最常见的是氟磷灰石。当矿石中的磷矿物是结晶体时，称晶质磷矿；磷矿物是隐晶质或非晶质，称胶磷矿。磷矿床的主要工业类型有2种：①产于碱性岩、基性和超基性岩体中的岩浆型磷灰石矿床。此类矿床中磷灰石呈晶体产出，易于选矿，并可综合利用铝、铌、铁、钛、稀土等有益组分，矿床规模不大，是一种经济价值颇高的综合性矿产。著名的矿床有俄罗斯科拉半岛的霞石正长岩中的磷灰石-霞石矿床。中国河北矾山磷矿也属此类矿床。②沉积型磷块岩矿床。浮游生物吸收磷，死亡后在盆底淤泥中释放磷质，形成层状、结核状的富磷沉积岩（磷块岩），一般磷灰石结晶细少或呈胶磷矿出现。质量高的磷块岩含磷酸盐矿物在90％以上，折合P_2O_5含量为30％～40％。通常把含$P_2O_5 > 5$％～8％的沉积岩称磷块岩。海相沉积磷块岩矿床规模巨大，约占世界磷酸盐总储量的80％以上。对不同品级的磷块岩，按用途分级使用，是保护磷矿资源的重要措施。美国对西部的磷矿按P_2O_5的含量进行分类，P_2O_5含量≥31％的矿石称为酸级（或肥料）矿石；24％～31％的称为炉级矿石，用作电炉的填料；18％～24％的称为选矿级矿石，需选矿把品位提高到酸级或炉级矿石使用；10％～18％的称为低品位页岩，暂不开采，储备待用。国际磷肥市场销售的磷矿石P_2O_5含量至少在27.46％以上，一般在27.46％～36.61％，矿石质量不同，市场价格相差甚大。由于选矿技术的提高，可采磷矿石的P_2O_5平均品位已可降至≥10％。

沉积磷矿从元古宙至第四纪各个时代的沉积岩系中都有发现，但有巨大工业价值的矿床集中在4个主要的成磷期：①元古宙晚期至早、中寒武纪成磷带（包括轻微变质的），该带南起澳大利亚北部的乔治纳盆地，北至俄罗斯的乌哈戈尔，其中包括中国云、贵、川、鄂的磷矿床，如云南昆阳磷矿、贵州开阳磷矿、湖北荆襄磷矿等。②二叠纪成磷带，最具经济价值的矿床位于美国西部，如爱达荷州。③晚白垩-始新世成磷带，主要分布在北非和地中海地区。④中新世成磷带，分布于大西洋的西海岸及太平洋的东海岸地区。

据美国地质调查局2002年统计，世界磷酸盐岩储量为170亿吨，基础储量为500亿吨，其中80％以上分布在中国、摩洛哥、约旦、南非和美国。90％以上的磷矿石用于生产磷肥，少量用于清洁剂、饲料、阻燃剂和金属处理的化工产品。

[九、铂矿]

具有一定规模、可利用的铂族金属矿物聚集体。铂族金属是指钌、铑、钯、锇、铱、铂 6 个贵金属元素。前三者密度约 12 克 / 厘米³，称轻铂元素；后三者密度约 22 克 / 厘米³，称重铂元素。由于受镧系收缩影响，这些元素有相似的原子半径和元素电负性，使其在自然界很少呈单质出现，而经常形成固溶体（合金），导致从铂矿中分离和提纯铂族元素十分困难。

至今发现的铂族金属矿物种类有近百种，除单质和合金外，还有砷化物、锑化物、锑铋化合物、碲化物、碲铋化合物、硫化物、硫砷化合物等。一些常见的铂族元素矿物及其特征列于表。

自然铂是最先被发现的铂族矿物，18 世纪发现于哥伦比亚的平托河的含金砂层中。自然铂是一种固溶体（合金），其中铂含量一般在 50% 左右，经常含有其他铂族元素及铁等金属元素。其中含铂 80%～90%、含铁 3%～11%，称粗铂矿。含铁更高时，称铁铂矿，最高可达 28%。自然铂成分中常含有铱、钯、铑、铜、镍等元素。自然铂晶体属等轴晶系，锡白色，金属光泽，有人称其为"白金"。但在中国古籍中的"白金"，系指银，并非铂。常以细粒、细片状、不规则团块状产出。在俄罗斯乌拉尔曾采到重 8～9 千克的自然铂漂砾和重 427.5 克的原生块状自然铂。莫氏硬度 4。纯铂密度 21.5 克 / 厘米³，含铁或其他元素者，密度降低。富含铁时，具有磁性。锇铱矿（Ir, Os）和铱锇矿（Os, Ir），这两种铂族矿物都是锇-铱固溶体，锇铱矿铱含量大于 50%，铱锇矿铱含量为 20%～50%；在自然锇中也常含铱，但铱的含量不超过 20%，一般为总含量的百分之几。

铂族元素矿床的成因类型主要有产于基性、超基性岩体中的岩浆型和冲积砂矿型。世界上最重要的铂矿床是在南非德兰士瓦发现的，此后大约有 60 个国家找到铂矿。2001 年统计数据表明：世界铂族金属储量 71000 吨。南非、俄罗斯、美国、加拿大、津巴布韦居前五位，它们的铂矿储量占世界铂矿总储量的 98%。其中南

铂族金属矿物的特征

矿物名成	化学组成	晶系	形态	颜色	光泽	密度 (g/cm³)	解理	其他
自然铂	Pt	等轴	粒、葡萄	锡白	金属	21.5	无	具延展性
自然铱	Ir	等轴	长条状	银白	强金属	22.6	无	
自然锇	(Os, Ir)	六方	薄板状	暗灰	金属	22.2	无	脆性
自然钌	Ru	六方	板状	银白	强金属	12.5	无	
自然钯	Pd	等轴	粒、板状	银白	金属	11.4	无	具延展性
自然铑	(Rh, Pt)	等轴	粒状	银白	金属	12.4	无	
铱锇矿	(Os, Ir)	六方	粒状	钢灰－银白	金属	20.0～22.5	完全	
承铂矿	PtTe₂	六方	细长条	银灰	强金属		有解理	
锇铱矿	(Ir, Os)	六方	粒、板状	锡白－灰黑	金属	17.1～21.1	完全	
锡钯矿	Pd₃Sn₂	等轴	球粒状	褐红	金属	10.2		
铋碲铂矿	Pt(Te, Bi)₂	三方	粒状	白色	强金属	9.25		
砷铂矿	PtAs₂	等轴	粒状	锡白	金属	10.58	不完全	性脆
碲锑钯矿	Pd(Sb, Bi)Te	等轴	粒状	亮钢灰	金属	8.7		性脆
铋碲钯矿	Pd(Te, Bi)₂	三方	粒状	白－黄白	强金属			
硫铂矿	PtS	四方	粒状	钢灰	金属	9.5～10	有解理	
硫砷铱矿	IrAsS	等轴	块状	铁黑－铅灰	金属	11.92		
硫钌矿	RuS₂	等轴	块状	铁黑	金属	6.7	完全	

非储量约占 89.3%；南非和俄罗斯的铂族金属供应量占世界总供应量的 86%。世界著名的铂矿产地有南非德兰士瓦省的布什维尔德、美国的斯提耳沃特、加拿大安大略省的萨德伯里、津巴布韦中部省的大岩墙、哥伦比亚的乔科和俄罗斯的乌拉尔。这些产地铂族金属品位高，均为矿山的主要产品之一。20 世纪 90 年代在俄罗斯伊尔库茨克州的前寒武纪含碳质沉积变质岩（又称黑色页岩）中发现铂－金矿床。中国铂矿资源发现于甘肃金川、云南弥渡的金宝山和四川丹巴杨柳坪等地。中国铂矿储量有 300 多吨，居世界第六位。主要为伴生矿形式产于铜镍－硫化物矿床或钒钛磁铁矿的矿床中。绝大多数铂族金属要靠综合利用来回收。

铂族金属矿物是提取铂族金属元素的矿物原料。铂族金属的优良特性，使其在航天航空、电子电气、化学、石油、精密仪器仪表、医疗、珠宝首饰等部门得到广泛的应用。其中自然铂的用途最广，用量最大。

[十、锰矿]

具有开采价值的天然锰矿物聚集体。自然界有200余种锰矿物，但无自然锰；最常见的锰矿物有菱锰矿、硬锰矿、软锰矿、水锰矿、褐锰矿、硫锰矿等。不同地质条件下形成的锰矿床，具有不同矿物组合和矿石类型。工业上对矿石质量的要求，则随矿石类型而异。氧化锰矿石的富矿 $Mn \geqslant 30\%$，贫矿 $Mn \geqslant 20\%$；碳酸锰矿石的富矿 $Mn \geqslant 25\%$，贫矿 $Mn \geqslant 10\% \sim 15\%$。对矿石中磷的要求很严格，$P/Mn \leqslant 0.005$。入炉锰矿石中硫的含量一般不超过 1%，$Mn/Fe \geqslant 4$。冶金用锰矿石，一般用碱度 $p=(CaO+MgO)/(SiO_2+Al_2O_3)$ 值进行分类。$p<0.8$ 为酸性矿石，$p=0.8 \sim 1.2$ 为自熔性矿石，$p>1.2$ 为碱性矿石。其中自熔性矿石和碱性矿石是冶炼锰铁合金的优质原料。

世界锰矿资源丰富，可分为陆地上的和大洋底上的两大类。据1997年的统计，世界陆地锰矿石总储量68000万吨，居前三位的南非、乌克兰、加蓬的储量占世界总储量的81%；中国为4000万吨，居世界第四位。中国对锰矿的开发是20世纪初，从采掘湖南湘潭、广西木圭锰矿开始的，随后在东部各省发现许多锰矿床。中国锰矿的特点表现在：成矿层位多，从元古宙到中生代都有大型锰矿产出；沉积型和表生型的锰矿为主，占全国锰矿总储量的87%，其他成因类型的矿床，包括火山-沉积型、受变质型、热液型、热液改造型的锰矿床只占13%。锰矿床元素组合以 Mn、Fe－Mn、Ca－Mg－Mn、Si－Ca－Mn 组合为主，还具有 B－Mn、P－Mn、Fe－Co－Ca－Mn 世界少见的组合；碳酸锰矿石多，锰的氧化物和氢氧化物矿石较少。国外著名的锰矿有南非的卡拉哈里，乌克兰的尼科波尔和大托克马克，加蓬的莫安达，格鲁吉亚的恰图拉，澳大利亚的格鲁特，墨西哥的莫兰戈等。中国著名的锰矿产地有湖南湘潭、民乐，辽宁瓦房店，贵州遵义，云南斗南，广西木圭、大新下雷等。世界大洋底锰资源比陆地锰资源多许多倍。W.S.柯克1985年估计全球大洋锰结核资源为800亿吨（锰约200亿吨）。

洋底锰质堆积有铁锰质结核与富钴铁锰结壳两种，都含有铜、镍、锌、钴、铂等有用组分。它是一种潜在前景的锰矿资源。

　　世界锰矿石约有 95% 用于钢铁和有色冶金工业，5% 用于化工、轻工、农业等行业。锰矿石可直接用作熔剂、脱氧剂和脱硫剂。锰是冶金工业的一种重要辅助原料。锰作为合金元素，能提高锰铁、锰铝、锰镁等合金的强度、硬度、韧性、刚性、抗腐蚀性等。二氧化锰矿石是生产电池、磁性材料的重要原料；在环保领域，还用二氧化锰吸收废气中的二氧化硫和硫化氢，净化汽车尾气，净化工业和饮用水，去除地下水铁质等杂质。

[十一、铅锌矿]

　　具有开采、利用价值的铅矿物和锌矿物的聚集体。铅和锌在化学元素性质具有类似的外层电子结构和相似的地球化学行为，在金属矿床中密切共生出现。在自然界单独的铅矿床或锌矿床极为少见，而且大多数铅锌矿床中两者都能达到工业品位。铅锌矿石中常见的矿物有：方铅矿、闪锌矿、白铅矿、菱锌矿，以及脆硫锑铅矿等，并与黄铁矿、毒砂、磁黄铁矿、黄铜矿、斑铜矿、磁铁矿、赤铁矿等共生。铅锌矿床中常含有铜、银、镉、铟、镓、锗、硒、碲、硫及金等有益组分可综合利用，因此也可称为多金属矿床。

　　铅锌矿床类型繁多，现在多采取含矿岩系和矿床成因相结合进行分类，主要有：①海相沉积岩和火山岩容矿的喷气矿床（又称为 sedex 型）；②碳酸盐岩容矿的后生沉积矿床（又称为密西西比河谷型）；③砂、页岩容矿的同生沉积矿床；④夕卡岩型；⑤热液交代-充填型。前 3 类是最重要的，约占世界铅锌总储量的 85% 以上。海底喷气矿床是世界上铅、锌最大来源之一，矿床规模大、品位高，而且富银和重晶石，如澳大利亚的布罗肯希尔矿床和麦克阿瑟河矿床，加拿大的沙利文矿床,美国的"红狗"矿床等,它们的铅、锌金属储量都在2000万吨以上,矿床中铅、锌合计品位一般在10％以上。这类矿床富银,如美国"红狗"矿床中银达6160吨。火山岩容矿的海底喷气矿床,又称黄铁矿型多金属矿床,这种矿床不仅铅锌品位高,而且往往呈铜、金、银等综合的多金属矿床,如澳大利亚的赫利尔矿床,加拿大新布伦瑞克省的巴瑟斯特矿床,美国威斯康星州克兰多矿床等。中国内蒙古的炭窑口、甲胜盘矿床、甘肃西成的厂坝矿床都属此类矿床。

据2001年统计资料,世界已查明的铅资源量为15亿吨、铅储量为6400万吨;锌资源量为19亿吨、锌储量19000万吨。中国铅锌资源十分丰富,铅储量为900万吨,锌储量为3400万吨;矿床类型齐全,2000年矿山铅产量和精炼铅产量均居世界第二位,矿山锌和锌锭产量居世界首位。再生铅利用在铅工业中占有很重要的地位,而中国2000年再生铅产量仅有10.2万吨,与发达国家相比差距较大。

铅、锌是人类广泛使用的两种金属,在用量上仅次于铁、铝和铜。铅的主要用途是制作铅酸蓄电池,约占铅年消耗量的60％,其次作为金属加工工业的材料,如铅板、铸铅、弹药、电缆包皮、辐射防护屏、防护涂料等。锌的主要用途是镀锌,约占总消费量的46％,其次为制造黄铜和锌合金铸件等。世界主要产铅、锌的国家有中国、加拿大、澳大利亚、美国等。

[十二、自然硫]

化学组成为S,晶体属正交(斜方)晶系的天然单质矿物。已知硫具有α-硫、β-硫、γ-硫三种同质多象变体。高温条件下形成的β-硫和γ-硫(均属单斜晶系变体),在温度降低或常温条件下,会转变成α-硫(正交晶系)。因此,在自然界中,只有低温的α-硫最稳定最常见。自然硫化学成分不纯,常有硒、碲类质同象混入物和黏土、沥青、有机物等杂质。晶体呈短柱状、双锥状、

自然硫（乌兹别克斯坦）

板状，通常呈块状、粉末状。带各种色调的黄色。晶面呈金刚光泽，断口为树脂光泽。莫氏硬度 1.5～2.5。性脆。密度 2.05～2.10 克 / 厘米³。解理不完全。不导电。自然硫可由硫化物或硫酸盐氧化分解作用、火山喷发硫蒸气的凝华作用和盆地沉积过程生物化学作用所成。风化形成的硫，有工业价值的不多。火山成因的、特别是沉积形成的后生硫有重要的工业价值。世界著名产地有意大利西西里岛和罗马附近的波梅齐亚、美国得克萨斯州、墨西哥圣路易斯波托西州、智利的安第斯山区、日本北海道、伊拉克摩苏尔等。中国台湾、西藏、黑龙江、山东、青海、新疆等地都有产出。硫主要用于制造硫酸、生产化肥。此外，在造纸、橡胶、人造纤维、颜料、染料、塑料、炸药等行业得到广泛应用；近代还用作硫泡沫保温材料、硫混凝土、硫沥青铺路材料，用于现代建筑和交通工业。

[十三、金刚石]

　　化学成分为碳、晶体属等轴晶系的一种自然元素矿物。属于六方晶系的六方金刚石，是除石墨外与金刚石成同质多象的另一种矿物。金刚石的晶体结构中，每一个碳原子均被其他四个碳原子围绕，形成四面体配位，任何两相邻碳原子之间的距离均为 0.154 纳米，是典型的共价键晶体。

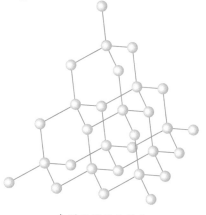

金刚石的晶体结构

金刚石 （1.5cm，山东蒙阴）

金刚石最常见的晶形是八面体和菱形十二面体，其次是立方体和前两种单形的聚形，晶面常成凸曲面而使晶体趋近于球形；双晶常见；但一般以粒状产出。由放射状或微晶状集合体形成的粗糙圆球形的金刚石称为圆粒金刚石。

金刚石无色、透明或微带蓝、黄、褐、灰、黑等色。灰或黑色的圆粒金刚石称为黑金刚石。有些金刚石已可通过人工方法使之改色。标准金刚光泽。折射率高达 2.40～2.48。具强色散性。在 X 射线照射下发蓝绿色荧光，这一特性被用于选矿。八面体解理中等。质量最好的金刚石密度可达 3.53 克 / 厘米^3，而黑金刚石仅为 3.15 克 / 厘米^3。莫氏硬度 10，是已知物质中硬度最高的。具半导体性。金刚石加热到 1000℃时，可缓慢转变为石墨。

金刚石按所含杂质和某些物理性质特点分 I 型和 II 型两种。前者含氮的混入物，导热性较差，对波长小于 300 纳米的紫外线不透明，对可见光的吸收也较强，在紫外线照射下发淡紫色磷光。自然界产出者多属此型。II 型不含氮，导热性极强，室温下的导热率约为铜的 5 倍，对紫外线透明，对可见光的吸收较低，在紫外光照射下不发光。

金刚石自古就是最名贵的宝石，以透明、无瑕疵、无色或微蓝为上品。其加工成品称为钻石。除少量宝石级晶体外，金刚石主要用作精细研磨材料、高硬切割工具、各类钻头、拉丝模、散热片、高温半导体和红外光谱仪部件等。

金刚石主要产于金伯利岩或钾镁煌斑岩（金云火山岩）的岩筒或岩脉中；也产于冲积成因的砂矿中，砂矿金刚石约占世界产量的 90%。世界最著名的金刚石产地为南非金伯利地区、刚果（金）、澳大利亚西部、俄罗斯雅库特、美国阿拉斯加和巴西米纳斯吉拉斯等地。中国辽宁、山东、湖南和贵州等地均有发现。世界上最大金刚石产于巴西卡帕达迪亚，重 3148 克拉，属工业用金刚石。最大的宝石级金刚石为重 3106 克拉、大小为 10 厘米 ×6.5 厘米 ×5 厘米的"库利南"（Cullinan），1905 年发现于南非的普雷米尔矿山。1955 年 2 月 15 日，美国以石墨为原料，在 2750℃ 和约 10^{10} 帕的温、压条件下首次合成了金刚石。人造金刚石生产已很普遍，产量早已超过天然金刚石，唯粒度一般均较小。1970 年美国已能合成重 1 克拉以上的宝石级单晶体。

[十四、石墨]

化学成分为 C，晶体属六方或三方晶系的天然单质矿物。英文名称来自希腊文 graphein，"可书写"的意思，这与它能用作铅笔的原料有关。与金刚石、富勒烯、卡宾碳（carbyne）、赵石墨（chaoite）同属于碳的同质多象变体。天然石墨成分中含有许多杂质。晶体结构中，碳原子按六方环状排列成层。由于层在垂直方向上的堆垛方式不同，产生两层重复的 2H－石墨和三层重复的 3R－石墨两种多型。自然界产出的石墨，大多数属 2H 型。石墨晶体呈六方片状，集合体多呈鳞片状、块状、土状。颜色及条痕均为黑色。晶体呈半金属光泽，隐晶质块体光泽暗淡。莫氏硬度 1.0～2.0。有滑感，易污手。密度 2.21～2.26 克/厘米^3。底面解理极完全。良好的导电性、导热性、润滑性和耐高温性（3000℃ 以上）。在空气中熔点高达 3850℃。化学性能极稳定，在常温下耐强酸、强碱，抗各种腐蚀气体及有机溶剂；但在 600～700℃ 高温条件下，会缓慢氧化成二氧化碳。

石墨最常见于大理岩、片岩或片麻岩中，是有机成因的碳质物经区域变质或接触变质而成。热变质作用可使煤层部分形成石墨。少量石墨是火成岩的原生矿物。石墨也常呈团块状，见于陨石中。中国是石墨资源大国、产销量均居世界首位，著名产地有山东南墅、吉林磐石、湖南鲁塘、新疆苏吉泉等地。世界石墨生产大国还有俄罗斯、印度、斯里兰卡、马达加斯加、韩国、朝鲜、巴西、墨西哥等。

石墨是国家重要战略矿物原料之一，它在现代工业领域有广泛的用途。用于生产机械润滑剂、核反应堆中子减速剂、化学催化剂、石墨–金属复合材料、石墨–陶瓷复合材料、特种耐火材料、高温坩埚、铸模涂料、导电涂料、电极、电刷、碳棒及人工合成金刚石的原料等。现代工业常用无烟煤或石油焦为原料，在电炉内加热，生产人造石墨，以满足近代工业对石墨的需求。

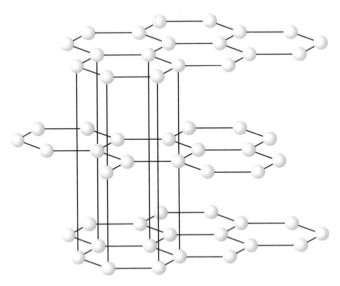

2H－石墨的晶体结构

第二章 硫化物矿物

　　一些金属或半金属元素与硫结合的天然矿物。大部分硫化物矿物结构简单，结晶对称性高，具有许多金属性能，包括金属光泽和导电性等。其矿物颜色显著，硬度低，密度大。在硫化物阴离子里，主要是硫，另有少量硒、碲、砷、锑、铋。硫具有不同价态，大部分硫以 S^{2-} 形式与阳离子结合，组成简单硫化物，如闪锌矿（ZnS）、辰砂（HgS）、黄铜矿（$CuFeS_2$）、辉锑矿（Sb_2S_3）；也呈对硫 $[S_2]^{2-}$、$[AsS]^{2-}$、$[SbS]^{2-}$ 形式与阳离子结合组成复硫化物，如黄铁矿（FeS_2）、辉砷钴矿（CoAsS）、毒砂（FeAsS）；还可与半金属元素砷、锑、铋组成较复杂的络阴离子团 $[AsS_3]^{3-}$、$[SbS_3]^{3-}$、$[BiS_3]^{3-}$，然后再与金属阳离子结合，组成硫盐矿物，如淡红银矿（Ag_3AsS_3）、浓红银矿（Ag_3SbS_3）。简单硫化物的阳离子主要是 Cu、Pb、Zn、Fe、Co、Ni 等铜型离子和过渡型离子；而与对硫结合形成复硫化物的阳离子主要是 Fe、Co、Ni 等过渡型离子。

　　简单硫化物和复硫化物矿物，都是化学组成比较简单的化合物。其晶形较好、晶体对称程度较高，多数呈等轴晶系和三、六方晶系；斜方和单斜晶系较少。由于复硫化物中有对硫离子 $[S_2]^{2-}$ 存在，与简单硫化物中结构类似的矿物比较，其对称性降低了。多数矿物是不透明的、具有金属色和金属光泽，如方铅矿、黄铜矿、辉锑矿、辉钼矿、黄铁矿等；少数呈半透明、非金属色和金刚光泽，如辰砂、闪锌矿、雄黄、雌黄等。矿物的硬度和密度变化较大，这与矿物中的化学组成及晶体结构的堆积密度有关。多数矿物的相对密度在2.6（褐硫钙石 CaS）～ 10.7（砷铂矿 $PtAs_2$）范围内变化；莫氏硬度在 1.5（辉钼矿 MnS_2）～6.5（黄铁矿 FeS_2）之间变化，硫钌矿（RuS_2）硬度高达 7.5。铁、钴、镍、铂硫化物硬度高于铜、铅、锌、汞等硫化物。复硫化物硬度高于单硫化物，一般在 5.0 ～ 6.5 之间，但解理比单硫化物差，这是由于对硫阴离子内部具有强大的共价键，导致 S－S、金属阳离子与对硫之间的距离拉近，晶体结构更趋向紧密堆积，晶体内部键力异向性减弱的结果。

自然界的硫有多种价态，有组成硫化物的 S^{2-} 和 $[S_2]^{2-}$ 态阴离子和组成硫酸盐的 S^{6+} 态阳离子，S^{6+} 以 $[SO_4]^{2-}$ 形式出现在硫酸盐中。硫的价态说明矿物形成的氧化还原环境。硫化物形成于还原环境，而硫酸盐则在氧化条件下形成。中性价态的自然硫（S^0）是位于这两种化合物之间的过渡类型。在岩浆作用早期和后期火山喷气阶段都有硫化物形成，但大量的硫是集中在气成和热液阶段，形成一系列重要的铜、铅、锌、钴、镍、钼、汞、银、砷等硫化物矿物及金属硫化物矿床。硫化物矿床氧化带和现代海洋沉积物中都有大量硫化物形成。

硫化物矿物是提炼多种有色金属、硫，制作硫的化合物的重要矿物原料。广泛用于冶金、化工、农药、玻璃等行业。有些矿物晶体可用作激光材料、半导体材料等。

[一、辉银矿]

化学成分为 Ag_2S，晶体属等轴晶系的硫化物矿物。英文名称来自拉丁文 argentum，是"银"的意思。成分相同，但晶体属于单斜晶系的称螺硫银矿。螺硫银矿产于低温条件，或由辉银矿在降温过程中发生同质多象转变而成。二者转变温度为 179℃。辉银矿和螺硫银矿含银量均为 87.06%，有时含铜、铅、铁混入物。是提炼银的重要矿物原料。晶体呈等轴状或立方体与八面体聚形，但很少见。主要呈粒状、块状、毛发状、树枝状等集合体。暗铅灰色至铁黑色。金属光泽。莫氏硬度 2.0～2.5。密度 7.2～7.4 克/厘米³。辉银矿是典型的低温热液矿物，与方铅矿、闪锌矿、自然银、银的硫盐共生。中国许多铅锌矿中均有辉银矿、螺硫银矿产出，呈显微粒状包体形式，存在于方铅矿等硫化物矿物内。所以从铅锌矿石里综合提取银，也是银的主要来源。此外，辉银矿还广布于银硫化物矿床氧化带中。世界著名产地有墨西哥萨卡特卡斯、瓜纳华托和帕丘卡，挪威孔斯贝格，德国萨克森州施内贝格，美国内华达州卡姆斯托克等。

辉银矿晶体

[二、辉铜矿]

化学成分为 Cu_2S，晶体属于正交（斜方）晶系的硫化物矿物。英文名称来自希腊文 chalkos，意为"铜"。Cu_2S 的六方晶系高温变体，称为六方辉铜矿（105℃以上稳定）；等轴晶系高温变体，称等轴辉铜矿（460℃以上稳定）。在所有铜的硫化物中，辉铜矿的含铜量最高，达 79.86%；有时含铁、银、金、硒等。是提炼铜的重要矿物原料。晶体呈板柱状，但极少见；通常呈致密块状或烟灰状（粉末状）。新鲜面呈暗铅灰色，表面风化呈带锖色的黑色。金属光泽。莫氏硬度 2.5～3.0。密度 5.5～5.8 克 / 厘米³。解理不完全。主要产于铜的硫化物矿床次生富集带中，是下渗的硫酸铜溶液交代黄铜矿、斑铜矿及黄铁矿等其他硫化物而成。在热液矿床中，辉铜矿呈块状与斑铜矿、黄铜矿共生。在地表条件下，易风化变成赤铜矿、蓝铜矿、孔雀石或自然铜。中国云南东川等地铜矿床中有大量辉铜矿产出。世界著名产地有美国阿拉斯加州肯尼科特、内华达州伊利、亚利桑那州莫伦西，俄罗斯乌拉尔的图林斯克，哈萨克斯坦科恩拉德，纳米比亚楚梅布等。

辉铜矿（1cm，英国）

[三、黄铜矿]

黄铜矿（2.5cm，江西）

化学成分为 $CuFeS_2$，晶体属四方晶系的硫化物矿物。英文名称来自希腊文 chalkos 和 pyrites，意指"含铜黄铁矿"。黄铜矿含铜 34.56%，常含有少量的金、银、锌、铟、铊、硒等元素。是炼铜的最主要矿物原料。中国商代或更早就用黄铜矿等铜矿物炼铜。呈黄铜色，金属光泽。粉末呈绿黑色。莫氏硬度 3.5～4.0。密度 4.1～4.3 克/厘米³。不完全解理。晶体具四方四面体习性；常呈致密块状或分散粒状于各种矿石中。黄铜矿是分布最广的铜矿物，也是仅次于黄铁矿分布最广的硫化物矿物之一。在岩浆矿床中，与磁黄铁矿、镍黄铁矿共生。主要形成于热液矿床，与方铅矿、闪锌矿紧密共生。在地表条件下，易风化成孔雀石和蓝铜矿，是氧化带、次生富集带中各种次生铜矿物的主要来源。中国主要产区集中在长江中下游、川滇、山西中条山、甘肃河西走廊及西藏高原等地区，著名产地有江西德兴、西藏江达等。世界著名产地有美国亚利桑那州的比斯比、德国曼斯弗尔德、西班牙里奥廷托、墨西哥卡纳内阿、加拿大萨德伯里、智利丘基卡玛塔等。

[四、黄锡矿]

化学成分为 Cu_2FeSnS_4，晶体属四方晶系的硫化物矿物。旧名黝锡矿。英文名称源于拉丁语 stannum，是化学元素"锡"的意思。含锡量27.5%，常有锌替代铁，是提炼锡的矿物原料。通常成粒状块体或呈细微包裹体于其他矿物之中。微带橄榄绿色调的钢灰色。金属光泽。莫氏硬度 3.0 ～ 4.0。密度 4.3 ～ 4.5 克 / 厘米^3。产于高温钨锡、中温多金属或铅锌热液矿床中，与黑钨矿、锡石、磁黄铁矿、黄铜矿、闪锌矿等共（伴）生。中国广西、湖南等地的锡矿床、多金属矿床中常见。玻利维亚的波托西为世界著名产地。

[五、斑铜矿]

化学成分为 Cu_5FeS_4，晶体属四方晶系的硫化物矿物。英文名称源于矿物学家 I.von 博恩（Ignatius von Born）的姓。斑铜矿含铜量63.3%，常含少量铅、金、银等元素，是提炼铜的重要矿物原料。Cu_5FeS_4 的高温（228℃以上）等轴晶系变体称为等轴斑铜矿。当温度高于475℃时，斑铜矿和黄铜矿形成固溶体；温度降低，二者分离，黄铜矿呈叶片状于斑铜矿晶体中。斑铜矿的晶体极少见，常呈致密块状或粒状集合体。新鲜断面呈暗铜红色，表面易氧化而呈紫蓝斑杂的锈色，中文取名与此有关。金属光泽。莫氏硬度 3.0。密度 5 ～ 5.5 克 / 厘米^3。解理不完全。具导电性。斑铜矿主要产于热液矿床中，常与黄铜矿、辉铜矿、磁黄铁矿、黄铁矿、石英等共生。也产于岩浆型铜镍矿床和夕卡岩型多金属矿床中。在铜矿床次生富集带产出的斑铜矿，易被辉铜矿、铜蓝所交代。在氧化带或地表条件下斑铜矿易转变成孔雀石、蓝铜矿、赤铜矿等。中国云南东川盛产斑铜矿。世界其他主要产地有美国蒙大拿州比尤特、智利丘基卡马塔、墨西哥卡纳内阿、秘鲁莫罗科查等。

[六、闪锌矿]

化学成分为 ZnS，晶体属等轴晶系的硫化物矿物。英文名称来自希腊文 sphaleros，意指鉴定时常与其他矿物混淆。英文 blende 和 zinc blende 是 sphalerite 的同义词。成分相同，而属于六方晶系的称为纤维锌矿。闪锌矿含锌 67.10%，通常含铁可高达 30%，含铁量大于 10% 的称为铁闪锌矿。此外，常含锰、镉、铟、铊、镓、锗等金属元素，因此，闪锌矿不仅是提炼锌的重要矿物原料，还是提取上述稀有元素的原料。纯闪锌矿近于无色，含铁者随含铁量的增多，颜色变深，呈浅黄、褐黄、棕色直至黑色，透明度相应地由透明、半透明变成不透明，光泽由金刚光泽变为半金属光泽。莫氏硬度 3.5～4.0。密度 3.9～4.2 克／厘米^3。随含铁量的增高，硬度增大而密度减小。具完全的菱形十二面体解理。具热电性，有时具发光性。富铁闪锌矿晶体形态，几乎都是四面体状；而在低温条件下形成的浅色闪锌矿，晶体多呈菱形十二面体习性。

通常呈粒状、致密块状或胶状集合体。闪锌矿是分布最广的锌矿物，也是典型的热液型矿物，几乎总是与方铅矿共生。在高温热液矿床中的闪锌矿，常富含铁、

闪锌矿（1cm，贵州）

铜、铟、锡、硒；在低温热液矿床中的闪锌矿，则富含镓、锗、镉、镍、汞、铊。在地表条件下，闪锌矿易风化成菱锌矿。中国铅锌矿产地以云南金顶、广东凡口、青海锡铁山等最著名。世界著名产地有加拿大沙利文、美国密西西比河谷、澳大利亚昆士兰州芒特艾萨等地。

[七、方铅矿]

方铅矿（10cm，美国）

　　化学成分为 PbS，晶体属等轴晶系的硫化物矿物。英文名称来自拉丁文 galene，因最初用它来命名铅矿石而得名。方铅矿含铅量 86.6%，常含有银、锌、砷、锑、铋、硒、碲等混入物。是分布最广的铅矿物，也是提炼铅或从中提取银的最重要矿物原料。中国古称"草节铅"。早在商代甚至更早就能利用铅矿石提炼金属铅。方铅矿具有氯化钠型晶体结构。晶体呈立方体、八面体或立方体与八面体聚形，集合体常呈粒状和致密块状。呈铅灰色。强金属光泽。莫氏硬度 2.5～2.7。密度

7.5～7.6克/厘米^3。熔点1115℃。具完全立方体解理。主要产于岩浆期后热液型和夕卡岩型矿床，除黄铁矿、黄铜矿、闪锌矿外，方铅矿是热液条件下分布最广的硫化物矿物之一；几乎都与闪锌矿共生，其他常见的共生矿物有黄铁矿、黄铜矿、磁黄铁矿、萤石、重晶石、方解石、白云石、石英等。在外生条件下，方铅矿会转变成白铅矿（$PbCO_3$）和铅矾（$PbSO_4$），或磷酸氯铅矿、钒铅矿等铅的其他化合物。由于这些化合物在地表条件下不易溶解，并在方铅矿表面形成皮壳，从而阻止方铅矿的进一步分解。中国著名铅锌矿产地有云南金顶、广东凡口、青海锡铁山等。美国新密苏里铅锌矿很大，仅铅的储量就达3000万吨。此外，澳大利亚新南威尔士州布罗肯希尔和昆士兰州的芒特艾萨、德国萨克森州弗赖贝格、英国康沃尔等地也盛产方铅矿。

[八、辰砂]

化学成分为HgS，晶体属三方晶系的硫化物矿物。中国古称丹砂、朱砂，是古代炼丹的重要原料。英文名称来自中世纪拉丁语cinnabaris，还可能来自波斯语zinjifrah，认为它与一种红色树胶相似。辰砂与等轴晶系的黑辰砂成同质多象。常呈菱面体或短柱状晶形，矛头状贯穿双晶常见；集合体呈粒状、块状或皮膜状。

柱状辰砂（1.8cm，贵州）

纯者呈朱红色，条痕朱红色，金刚光泽；含杂质者呈褐红色，条痕褐红色，光泽暗淡。柱面解理完全。莫氏硬度2.5。密度8.0～8.2克/厘米³。不导电。辰砂含汞86.2%，几乎是提炼汞的唯一原料，其晶体是激光技术的重要材料；还是中药材之一，具镇静、安神和杀菌等功效。辰砂是典型的低温热液矿物，常与辉锑矿、黄铁矿、方解石、重晶石等共生。中国是辰砂主要出口国之一，以湖南新晃侗族自治县和贵州铜仁、江西婺源最为著名。1980年6月于贵州岩屋坪曾采得一个巨大辰砂晶体，长65.4毫米，宽35毫米，高37毫米，净重237克，是罕见的珍品。世界著名的产地有西班牙的阿尔马登和恩特里迪科、美国内华达州的麦克德米特等。

[九、铜蓝]

化学成分为CuS，晶体属六方晶系的硫化物矿物。英文名称来自意大利矿物学家N.科维利（N.Covelli）的姓氏，为纪念他在维苏威发现了这种矿物而取名。含铜量66.48%，有时含少量铁，是提炼铜的矿物原料。铜蓝呈靛蓝色，中文名与此有关。金属光泽或光泽暗淡。具有完全的底面解理。莫氏硬度1.5～2.0。密度4.59～4.67克/厘米³。通常呈板状、细薄片状、被膜状或烟灰状集合体。铜蓝主要是外生成矿作用的产物，产于铜的硫化物矿床次生富集带中，与辉铜矿等矿物共生，组成含铜量很高的富矿石。偶见于热液矿床和火山喷气矿床中。在地表条件下，铜蓝易氧化形成铜的氧化物、碳酸盐类的次生矿物。最常见的是赤铜矿、孔雀石、蓝铜矿等。著名产地有俄罗斯乌拉尔布利亚温、南斯拉夫博尔、意大利撒丁岛的卡拉博纳、美国蒙大拿州的比尤特等地。

[十、磁黄铁矿]

化学成分为 $Fe_{1-x}S$ 的硫化物矿物。化学式中的 x 值通常为 $0.1 \sim 0.2$；如 x 值为 0，即与陨硫铁（FeS）相同。有六方和单斜晶系磁黄铁矿两种类型。英文名称来自希腊语 pyrrhos，形容它的颜色似火焰。呈带红色调的暗青铜黄色。金属光泽。莫氏硬度 $3.5 \sim 4.54$。密度 $4.6 \sim 4.7$ 克/厘米^3。具强磁性。晶体呈板状、柱状

六方柱状磁黄铁矿（7cm，墨西哥）

或双锥状，通常呈粒状、致密块状集合体。磁黄铁矿在内生多种金属矿床中分布很广，但主要富集于铜-镍硫化物矿床中，与镍黄铁矿、黄铜矿共生。磁黄铁矿在地表易风化成褐铁矿。中国甘肃金川、吉林盘石等铜-镍硫化物矿床中，均富产磁黄铁矿。世界上最著名的产地是加拿大安大略的萨德伯里。在黑山的特雷普查、意大利的特伦蒂诺等的热液矿床中，有完好晶体产出。磁黄铁矿成分中含硫量为 $39\% \sim 40\%$，是提取硫和制作硫酸的重要矿物原料。含铜、镍高者，可作为铜、镍资源综合利用。

[十一、红砷镍矿]

化学成分为 NiAs，晶体属六方晶系的砷化物矿物。又称红镍矿。英文名称与成分中含镍有关。完整晶体少见，通常呈致密块状、肾状、树枝状或网状。呈淡铜红色。金属光泽。条痕褐黑色。莫氏硬度 5.0～5.5。密度 7.6～7.8 克/厘米^3。具强导电性。含镍量为 43.9%，是提炼镍的矿物原料。产于钴镍或银钴镍热液矿脉、铜-镍硫化物矿床中。在地表易风化成鲜绿色的镍华（$Ni[AsO_4]_2 \cdot 8H_2O$）。世界著名产地有加拿大安大略的科博尔特和高甘达、德国的弗赖贝格和安纳贝格等。曾在日本的枣红镍矿中，发现由红砷镍矿和毒砂成互层的球状集合体，其直径达 30 厘米之巨。中国甘肃金川（今称金昌）等地铜-镍矿床中亦有产出。

[十二、镍黄铁矿]

硫化物矿物。化学成分为 $(Fe, Ni)_9S_8$，晶体属等轴晶系。常含钴，含钴量高的变种称钴镍黄铁矿。英文名来源于第一个发现该矿物的爱尔兰地质学家 J.B.彭特兰（Pentland）的姓氏。镍黄铁矿通常呈细粒状、块状集合体。古铜黄色。金属光泽。条痕黑绿色。莫氏硬度 3.5～4.0。密度 4.6～5.0 克/厘米^3。解理完全。主要产于基性岩浆岩内的铜-镍硫化物矿床中，与磁黄铁矿、黄铜矿密切共生。受晚期热液作用，能转变成针镍矿、紫硫镍矿、辉铁镍矿等其他镍的硫化物。当成分中铁和镍的比值为 1 时，含镍量为 34.22%，是提炼镍的最主要矿物原料。世界上 90% 的镍是从镍黄铁矿中提取的。加拿大安大略的萨德伯里是世界著名产地。中国甘肃金昌、吉林盘石也是镍黄铁矿的主要产地。

[十三、辉锑矿]

化学组成为 Sb_2S_3，晶体属正交（斜方）晶系的硫化物矿物。常呈柱状或针状晶体，柱面有纵向聚形纹，晶体常弯曲；通常呈针状、柱状、束状、放射状、块状和晶簇状集合体。铅灰色，晶体表面常带蓝的锖色。条痕灰黑色。金属光泽。莫氏硬度 2.0 ～ 2.5。薄片具有挠性。密度 4.50 ～ 4.65 克/厘米 ^{3}。解理完全，解理面上常有横向聚片双晶纹。α 粒子能激发出脉冲导电性。热导率异向性明显，沿 a、b、c 轴热导率之比为 1.3：1：1.8。易

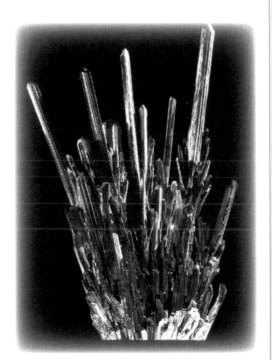

辉锑矿晶簇（湖南）

熔（546℃熔化，约650℃开始挥发）。辉锑矿是分布最广的锑矿物。主要产于低温热液矿床中，呈脉状或层状产出，与辰砂、石英、重晶石、萤石、方解石等共生。在含金石英脉和多金属矿床中，与铜、铅、锌、锑、铁等硫化物共生；在氧化带中易分解成锑的氧化物，转变成锑华、锑赭石、黄锑华等。中国锑储量居世界首位，湖南、广东、广西、贵州、云南都盛产辉锑矿，其中湖南新化锡矿山锑矿闻名于世。世界其他著名产地有玻利维亚的卡拉科托、南非的默奇逊、吉尔吉斯斯坦等。辉锑矿是生产锑和锑化物的重要矿物原料，可用作防腐材料（锑铅合金）、高级半导体材料（铟锑、镓锑、铝锑等）和塑料、油漆、橡胶、纺织品的阻燃剂等。

[十四、雄黄]

化学成分为 AsS，晶体属单斜晶系的硫化物矿物。又称鸡冠石。英文名称来自阿拉伯语 rahjal-ghar，意思是"矿山的粉末"。呈短柱状的完好晶体比较少

柱状雄黄（2cm，湖南）

见，常呈粒状、块状、皮壳状或土状集合体。长期暴露日光和空气中会转变成为黄色粉末。橘红色，条痕淡橘红色。晶面为金刚光泽，断口呈油脂光泽。莫氏硬度1.5～2.0。密度3.56克/厘米^3。解理完全。性脆。雄黄是典型的低温热液矿物，常与雌黄共生。在锑、汞矿床中常与辉锑矿、雌黄、辰砂等一起出现。温泉沉积物中也有产出。雄黄含砷70％，主要用于提取砷和制备砷化物；也是传统中药材，具杀菌、解毒功效。中国是雄黄的主要出产国，湖南慈利、石门交界的牌峪雄黄矿为当今世界之最。世界其他主要产地有罗马尼亚、德国、瑞士等。

[十五、雌黄]

化学成分为 As_2S_3，晶体属单斜晶系的硫化物矿物。英文名称来自拉丁语 aurum 和 pigmentum，"金黄色"的意思。完好晶体呈板状或柱状，集合体常呈叶片状、肾状、球状、粉末状等。柠檬黄或金黄色，条痕鲜黄色。油脂光泽，解理面珍珠光泽。极完全解理，解理片透明并具挠性。莫氏硬度 1.5～2.0。密度

雌黄与方解石共生（16cm，湖南）

3.49 克 / 厘米 ^{3}。是典型的低温热液矿物，经常与雄黄共生。中国著名产地有湖南慈利、云南南华等。湖南新晃县曾发现长达 5 厘米的雌黄晶体，闻名于世。世界主要产地有秘鲁、美国犹他州、格鲁吉亚、德国萨克森、罗马尼亚等。雌黄含砷 60.91%，主要用于制取砷和砷化物；也是传统的中药材，具杀菌、解毒功效。

[十六、辉钼矿]

化学成分为 MoS_2，属于六方或三方晶系的硫化物矿物。英文名称来自钼（molybdenum）。晶体呈板状、片状，通常以片状、鳞片状或细小分散粒状产出。呈铅灰色。强金属光泽。莫氏硬度 1.0 ～ 1.5。密度 4.7 ～ 5.0 克 / 厘米 ^{3}。极完全

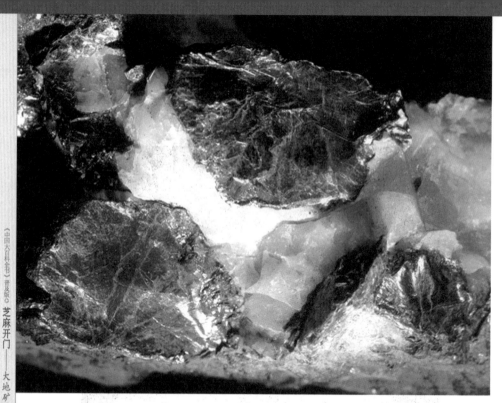

与石英共生的辉钼矿（6cm，江西）

的一组解理。薄片有挠性。是分布最广的钼矿物，主要产于高温和中温热液或夕卡岩矿床中，与黑钨矿、锡石、辉铋矿等共生或与石榴子石、透辉石、白钨矿、黄铜矿、黄铁矿等共生。在地表易风化成钼华 MoO_3。美国科罗拉多州的克莱马克斯、尤拉德-亨德森是世界著名辉钼矿产地。中国河南、陕西、山西、辽宁等省也都有出产，总储量已跃居世界前列。辉钼矿含钼 59.94％，是提炼钼的最主要矿物原料；常含铼，是自然界已知含铼最高的矿物，也是提炼铼的最主要矿物原料。

[十七、黄铁矿]

化学组成为 FeS_2，晶体属等轴晶系的硫化物矿物。英文名称来自希腊文 pyr，是"发光"的意思，因为锤击时冒火花。其含硫量达 53.45％，工业上又称硫铁矿，是提取硫磺、制造硫酸的主要矿物原料。常有 Co、Ni 和 As、Se 分别替代 Fe 和 S；有时含有锑、铜、金、银等，它们多呈细微的包裹体分散在黄铁矿中，含量较多时可综合利用，回收金、银等元素。虽黄铁矿含铁量达 46.55％，因含硫量高，一般不用作炼铁原料。与黄铁矿成分相同而属于斜方晶系的矿物称白铁矿。

　　黄铁矿常见的晶形是立方体、五角十二面体、八面体及其聚形。立方体晶面上常有平行晶棱方向的条纹。特征的十字贯穿双晶比较少见。在沉积岩或煤层里，常形成黄铁矿结核或浸染状黄铁矿。胶黄铁矿是一种隐晶质变胶体黄铁矿。实验证明，黄铁矿形成于中性或弱酸性介质中，而白铁矿是在酸性介质里形成。黄铁矿呈浅铜黄色，表面常有锖色；褐黑或绿黑色条痕；金属光泽。莫氏硬度 6.0～6.5，性脆。密度 4.9～5.2 克/厘米^3。黄铁矿具顺磁性和弱导电性，但导电性则随结晶方位和成分变化而不同，当成分接近理论值时为不良导体，硫亏损多时为良导体。还具有热电性和检波性。

立方体黄铁矿（7cm，秘鲁）

　　黄铁矿是自然界分布最广的硫化物矿物，可在各种地质作用条件下形成，各种类型矿床中出现。主要矿床类型为黄铁矿型铜矿和黄铁矿多金属矿床，黄铁矿与铜、铅、锌、铁的硫化物和磁铁矿等氧化物共生。在地表条件下易风化成褐铁矿，并常见褐铁矿依黄铁矿晶形而成的假像。在干旱地区矿床氧化带中，黄铁矿易分解而形成黄钾铁矾、针铁矿等铁的硫酸盐或氢氧化物。世界上最著名的黄铁矿产地是西班牙的里奥廷托，其矿石储量 10 亿吨以上，含硫品位为 40%～50%，并有大量的黄铜矿，使西班牙成为世界上黄铁矿的最大开采国。中国是世界上黄铁矿资源丰富的国家之一，探明储量居世界前列。主要分布在粤、皖、川、黔、甘、浙、湘、内蒙古等省区。著名的产地有广东英德、安徽马鞍山、甘肃白银、山西阳泉、浙江龙游等。

[十八、白铁矿]

　　化学成分为 FeS_2，晶体属正交（斜方）晶系的硫化物矿物。是黄铁矿的同质多象变体。英文名称源于 markashitu，它是古代波斯（今称伊朗）的一个省名。含硫量 53.45%，常含有砷、锑、铋、铜、钴、镍混入物，成分比黄铁矿简单和固定些。是提炼硫、制造硫酸的矿物原料。晶体呈板状或矛头状，双晶常呈鸡冠状连生体；集合体呈钟乳状、板状、结核状、球粒状等。浅铜黄色，

白铁矿与方解石（右上）共生

新鲜断口呈锡白色，颜色比黄铁矿要浅些。金属光泽。莫氏硬度 6.0 ～ 6.5。密度 4.85 ～ 4.90 克 / 厘米 ^{3}。解理不完全。具弱导电性。白铁矿是不稳定的 FeS_2，在高于 350℃条件下会转变为黄铁矿。白铁矿不如黄铁矿分布广、也不易大规模富集。主要产于热液矿床，与黄铁矿、黄铜矿、方铅矿、雄黄、雌黄等硫化物及方解石、白云石等共生。 在外生条件下，白铁矿常依黄铁矿形成假像。在沉积岩中，多呈结核状产出。中国贵州大方、四川叙永等硫铁矿床中均有产出。世界著名产地有德国克劳斯撒尔和弗里伯格等。

［十九、毒砂］

化学成分为 FeAsS，晶体属单斜或三斜晶系的硫化物矿物。英文名称由来与化学成分及其一些特征与黄铁矿相似有关，arsenopyrite 是旧名词砷黄铁矿（arsenical pyrites）的缩写。中国旧称白砒石。当钴的含量达 3％～ 12％时，称作钴毒砂。毒砂呈锡白色至钢灰色。金属光泽。莫氏硬

毒砂柱状集合体（13cm，广西）

度 5.5 ～ 6.0，密度 6.1 ～ 6.2 克 / 厘米 ^{3}。解理不完全。具电热性。用锤击打时，发砷的蒜臭味。晶体常呈柱状或成粒状、致密块状集合体。产于高温或中温热液矿床中。金矿床中所产的毒砂常含金；钴矿床中产出的毒砂常含钴；毒砂在地表易风化成臭葱石（$FeAsO_4 \cdot 2H_2O$）。中国毒砂常产于钨锡矿床中，与黑钨矿、锡石、辉铋矿等共生；钴毒砂与铁硫砷钴矿、镍辉砷钴矿、黄铜矿、方铅矿等共生；主要分布于湖南、江西、云南等省。德国的弗赖贝格、英国的康沃尔、加拿大的科

博尔特等地均有较多毒砂产出。含砷量达 46.01％，是制取砷和砒霜（As_2O_3）等砷化物的主要矿物原料。各种砷化物广泛用于农药、医药、木材防腐、冶金、玻璃、制革等。

[二十、辉砷钴矿]

化学成分为 CoAsS，晶体属等轴晶系的硫化物矿物。英文名称是以成分中含钴（cobalt）而取名。常有铁、镍替代钴，富含铁、镍者，分别称为铁辉砷钴矿与镍辉砷钴矿变种。常出现五角十二面体与八面体同等发育的聚形；集合体呈粒状或块状。辉砷钴矿呈微带玫瑰红的锡白色。金属光泽。莫氏硬度 5.5。密度 6.1～6.5 克／厘米^3。完全至中等解理。性脆。良导电体。辉砷钴含钴量 35.41％，是提炼钴的重要矿物原料。产于热液矿床、接触交代矿床中，与毒砂、硫钴矿、方钴矿、黄铁矿等矿物共生。中国海南石碌铜钴矿等一些钴矿床中，常见有辉砷钴矿产出。在地表易风化成桃红色的钴华 $Co_3[AsO_4]_2 \cdot 8H_2O$。世界著名产地有加拿大安大略的萨德伯里和科博尔特、刚果（金）欣科洛布韦和赞比亚的钦戈拉。

《中国大百科全书》普及版◎
芝麻开门——大地矿藏
zhimakaimen dadikuangcang

第三章 硫盐矿物

由金属阳离子与硫砷、硫锑或硫铋络阴离子结合，成分与结构都比较复杂的硫化物矿物。又称含硫盐矿物或磺酸盐矿物。硫盐矿物中络阴离子最简单的形式为三角锥状的 $[AsS_3]^{3-}$、$[SbS_3]^{3-}$、$[BiS_3]^{3-}$。这些呈锥状的络阴离子在晶体结构中可孤立存在，也可连接成复杂的链状、层状乃至架状形式的结构。在某些硫盐矿物中，能同时存在两种不同形式的络阴离子，彼此相互交替，使晶体结构更复杂。与络阴离子团相结合的阳离子主要是铅、铜、银，其次是汞、锡、铊等。成分中类质同象替换广泛。按络阴离子成分，硫盐矿物可分为砷硫盐、锑硫盐和铋硫盐。按主要阳离子可分为铅的硫盐、铜的硫盐和银的硫盐等。硫盐矿物的化学组成可认为是由磺基（Ag_2S、Cu_2S、CuS、PbS 等）和磺酐（As_2S_3、Sb_2S_3、Bi_2S_3）按不同整数比组合而成。如黝铜矿 $Cu_{12}Sb_4S_{13}$，可表示为 $5Cu_2S·2CuS·2Sb_2S_3$，其中磺基与磺酐的比例是 $7:2$。

硫盐矿物对称程度较低，主要结晶成单斜或斜方晶系。完好晶形罕见，主要呈块状、粒状、柱状或纤维状集合体。呈片状双晶或复杂双晶。由于硫盐矿物与硫化物矿物结构相容，二者易连生在一起，构成晶体浮生现象，如黝铜矿生长在黄铜矿或闪锌矿晶体表面。

多数硫盐矿物呈钢灰色或铅灰色。金属光泽。不透明。密度 4.0～7.0 克／厘米^3。莫氏硬度 2.0～4.0。熔点低。易被酸分解。由于硫盐矿物结晶细小、物理性质又很相似，有时要鉴别它们是困难的。自从电子探针微区分析用于鉴定矿物以来，硫盐矿物新种不断发现。至今，已确定的硫盐矿物有 150 多种。

硫盐形成于热液作用和接触交代作用的环境。绝大多数硫盐属中低温热液晚期析出的产物，只有少数铋的硫盐矿物形成于高温环境。在高温时，硫盐之间易形

硫盐矿物特征

矿物名称	化学组成	晶系	形态	颜色	密度 (g/cm³)	解理	其他
黝铜矿	$Cu_{12}(Sb, As)_4S_{13}$	等轴	粒、块状	钢灰-铁黑	4.6～5.4	无	弱导电性
硫砷铜矿	Cu_3AsS_4	四方	粒状	钢灰	4.3～4.5	完全-中等	性脆
硫锗铜矿	$Cu_3(Fe, Ge)S_4$	等轴	粒、块状	暗蔷薇灰	4.5～4.6	无	弱磁性
硫锗铁铜矿	$Cu_6Fe_2GeS_8$	四方	细粒状	古铜	4.5	无	弱磁性
硫铜锑矿	$CuSbS_2$	斜方	粒、块状	暗铅灰	4.8～5.0	完全-中等	
硫铜铋矿	$CuBiS_2$	斜方	粒状	锡白	6.3～6.5	完全	性脆
硫锑铜矿	Cu_3SbS_3	斜方	薄板	钢灰	5.10		
硫铋铜矿	Cu_3BiS_3	斜方	板状、块	钢灰-锡白	6.19	无	
车轮矿	$CuPbSbS_3$	斜方	柱、板状	钢灰-铅灰	5.7～5.9	中等-不完全	轮状双晶
淡红银矿	Ag_3AsS_3	三方	块、粒状	深红-朱红	5.57～5.60	完全	金刚光泽
浓红银矿	Ag_3SbS_3	三方	块、粒状	深红-黑红	5.77～5.86	完全	金刚光泽
硫砷铜银矿	$(Ag, Cu)_{16}As_2S_{11}$	单斜	薄板状	黑色	6.06～6.15	无	
硫锑铜银矿	$(Ag, Cu)_{16}Sb_2S_{11}$	单斜	薄板状	铁黑	6.30～6.36	不完全	
脆银矿	Ag_5SbS_4	斜方	柱、板状	铁黑	6.25	不完全	
脆硫锑铅矿	$Pb_4FeSb_6S_{14}$	单斜	长柱、羽毛	铅灰	5.5～6.0	中等	检波性
斜辉铅铋矿	$Pb_2Bi_2S_5$	斜方	毛发、长柱	铅灰-锡白	6.22～7.02	完全	
硫锑铅矿	$Pb_5Sb_4S_{11}$	单斜	柱、毛发	铅灰-铁黑	5.6～6.5	中等	
硫锑铅银矿	$AgPbSb_3S_6$	斜方	短柱、薄板	暗钢灰	5.38～5.40	无	性脆
针硫铋铅矿	$CuPbBiS_3$	斜方	针、柱状	浅黑灰	7.0～7.2	无	
硫汞锑矿	$HgSb_4S_8$	单斜	块、针状	浅黑灰	4.8～5.0	完全	
圆柱锡矿	$Pb_3Sb_2Sn_4S_{14}$	斜方	圆筒、块状	黑铅灰	5.46	完全	
辉锑锡铅矿	$Pb_3SB_2Sn_3S_{14}$	单斜	薄板、块状	浅灰黑	5.88～5.92	完全	
红铊铅矿	$TIPbAsS_9$	斜方	板、针状	樱桃红	4.6	完全	金刚光泽
辉锑铅矿	$Pb_6Sb_{14}S_{27}$	六方	长柱、块状	钢灰	5.36	不完全	

成固溶体；低温时，一般不混溶而形成规则的或不规则的连生。所以硫盐矿物在矿石中多呈浸染状分布，很难大量聚集形成有价值的独立矿床。中国广西大厂锡石硫化物矿床有20多种硫盐矿物，其中脆硫锑铅矿的富集程度世界罕见。通常硫盐矿物是伴随金属硫化物产出，综合用作提炼铅、铜、锑等金属及铊、银等稀有元素、贵金属的矿物原料。淡红银矿是重要的激光材料。

[一、黝铜矿]

等轴晶系硫盐矿物，化学成分为 $Cu_{12}Sb_4S_{13}$。英文名称源于其单晶体常呈典型的四面体（tetrahedron）状。砷黝铜矿（tennantite）是为纪念英国化学家 S. 坦南特（Tennant）而取名。黝铜矿与砷黝铜矿呈类质同象系列（$Cu_{12}Sb_4S_{13}$ – $Cu_{12}As_4S_{13}$），成分中的铜可被铁、银、锌、汞、铅、镍等元素置换。当某种元素达到一定含量时，则构成相应的变种，如银黝铜矿（含 Ag 达 18％）、黑黝铜矿（含 Hg 达 17％）、铁砷黝铜矿（含 Fe 达 10.9％）等。黝铜矿和砷黝铜矿呈钢灰色，富含铁的变种呈铁黑色。金属至半金属光泽。无解理。莫氏硬度 3.0～4.5。密

黝铜矿四面体与立方体之聚形（3cm，奥地利）

度 4.6～5.1 克 / 厘米 ^{3}。砷黝铜矿的硬度大于黝铜矿，密度比黝铜矿低。黝铜矿和砷黝铜矿是分布最广的铜的硫盐矿物。通常呈粒状或致密块状，产于铜、铅锌、银等金属硫化物热液矿床中，与黄铜矿、斑铜矿、方铅矿等硫化物共生。由于在矿床中的数量一般不多，只能与其他伴生的铜矿物一起作为铜矿石利用。银黝铜矿也是银的矿物原料之一。世界著名产地有美国爱达荷州的桑夏恩、玻利维亚的波托西等。中国一些多金属硫化物矿床中，有不同数量的黝铜矿和砷黝铜矿产出。

[二、浓红银矿]

硫盐矿物，化学成分为 Ag_3SbS_3，晶体属三方晶系。又称深红银矿或硫锑银矿。英文名称源于希腊文"fire"和"silver"，包含"火红的颜色"和"成分中含银"两层意思。含银量 59.76％，是银的重要矿石矿物。浓红银矿呈暗红或暗樱红色，粉末呈暗红色。金刚光泽。莫氏硬度 2.0～2.5。密度 5.77～5.86 克 / 厘米 ^{3}。解理完全。晶体呈两端不对称的异极形短柱状，双晶常现。通常呈粒状、块状集合体产出。浓红银矿主要产于低温热液成因的铅锌银矿床中，与方铅矿、淡红银矿、自然银、辉银矿、银的硫盐、方解石、石英等矿物共（伴）生。中国许多铅锌银矿床中，常见浓红银矿。玻利维亚波托西和奥鲁罗、墨西哥帕丘卡、德国弗赖贝格萨克森、新西兰豪拉基、美国托诺帕等银矿床中有较多产出。

[三、淡红银矿]

化学成分为 Ag_3AsS_3，晶体属三方晶系的硫盐矿物。又称硫砷银矿。英文名称是为纪念法国化学家 J.-L. 普鲁斯特（Proust）而取名。晶体呈两端不对称的短柱状，常呈粒状或致密块状集合体产出。新鲜断面呈深红色或朱红色，晶体表面易氧化被暗黑色薄膜所覆盖。粉末呈鲜红色。金刚光泽。解理完全。莫氏硬度 2.0～2.5。密度 5.57～5.64 克/厘米^3。淡红银矿是低温热液作用的产物。在铅锌、银矿床中，与辉银矿、自然银、浓红银矿等银矿物共（伴）生。是重要的银矿石矿物，其单晶体还是激光材料。中国辽宁、青海、江西、广东等省的铅锌、银矿床中均有淡红银矿产出。美观的大晶体发现于智利的查纳西洛，其他著名产地有玻利维亚波托西，加拿大安大略省，美国科博尔特，墨西哥瓜纳华托，澳大利亚新南威尔士州等。

[四、脆硫锑铅矿]

　　矿物的化学成分为 $Pb_4FeSb_6S_{14}$，晶体属单斜晶系的一种硫盐矿物。英文名称来自英国矿物学家 R. 詹姆森（Robert Jameson）的姓氏。晶体呈柱状、针状、毛发状；通常呈羽毛状，或放射状、柱状、粒状集合体，曾有"羽毛矿"之称。呈铅灰色，有时表面带锖色。金属光泽。解理中等或完全。莫氏硬度 2.0～3.5。密度 5.5～6.0 克/厘米^3。主要产于中低温铜铅锌多金属热液矿床中，与黄铁矿、磁黄铁矿、方铅矿、铁闪锌矿及黝铜矿、硫锑铅矿等硫盐矿物共生。铅和锑的含量分别达到 40.16％和 35.39％。大量聚集可作为提炼铅和锑的矿物原料。中国广西大厂脆硫锑铅矿产量之多，为世界所罕见。以脆硫锑铅矿为主要矿物产出的矿床还见于墨西哥的伊达尔戈、英国的康沃尔等。

第四章 卤化物矿物

　　金属阳离子与卤族元素（氟、氯、溴、碘）相结合的化合物。已知有近百种，其中主要是氯化物，其次是氟化物，溴化物和碘化物极为少见。组成卤化物矿物的阳离子，主要是钾、钠、镁、钙等碱金属和碱土金属元素所形成的矿物，纯者透明无色、常被杂质染成各种颜色，玻璃光泽、密度低、硬度小、导电性差、易溶于水等；而铜、铅、银、汞等元素的卤化物矿物，比前者颜色深、透明度减弱、金刚光泽、硬度和密度增大、导电性增强、具有延展性。卤化物主要在热液和表生条件下形成。热液作用主要形成氟化物矿物，有大量萤石产出，形成萤石矿床。在干旱的内陆盆地、潟湖海湾环境和现代海洋里，有利于氯化物、溴化物、碘化物的沉积，形成石盐、钾石盐等矿床。氯化物矿物还见于火山喷气作用产物中，如意大利维苏威火山有大量卤砂（sal-ammoniac, NH_4Cl）产出而闻名于世。卤化物矿物具有广泛用途，是钢铁、玻璃、化工、电子、农肥、医药，直至人类食物调味品都不可缺少的物质。一些卤化物矿物特征见下页表。

卤化物矿物特征

矿物名称及化学组分	晶系	形态	颜色	解理	其他
萤石 CaF_2	等轴	粒、块、土状	白、绿、紫	完全	荧光、磷光、热光性
氟镁石 MgF_2	四方	柱、粒状	白、浅紫色	完全	硬度异向性明显
冰晶石 $Na_2[NaAlF_6]$	单斜	块、粒状	白、浅棕红	无	细粒烛火可熔
氟铈石 CeF_2	六方	柱、板、粒状	蜡黄、浅褐	中等	解理面呈珍珠光泽
石盐 $NaCl$	等轴	粒、柱、纤维状	无、灰黑等	完全	弱导电、高导热、味咸
钾石盐 KCl	等轴	粒、块状	无、褐色等	完全	导电性强、味苦咸涩
光卤石 $KMg(H_2O)_6Cl_3$	斜方	纤维、粒块状	无、红褐等	无	强荧光、吸水、辛辣
水氯镁石 $MgCl_2 \cdot 6H_2O$	单斜	短柱、粒、片状	无色	无	可塑性大、辣而苦
南极石 $CaCl_2 \cdot 6H_2O$	六方	粒、柱状	白、淡红等	无	易潮解成糊状
钾铁盐 $K_3Na[FeCl_6]$	三方	菱面体、粒状	无、褐黄等	中等	味涩
角银矿 $Ag(Cl, Br)$	等轴	皮壳、薄膜状	无、浅褐等	无	具延展性
碘银矿 AgI	六方	团块状	无、淡黄	完全	具延展性
溴银矿 $Ag(Br, Cl)$	等轴	块、皮壳状	灰黄、褐等	无	具延展性

[一、萤石]

化学成分为 CaF_2，晶体属等轴晶系的卤化物矿物。因能发荧光而得名。含氟量达 48.9%，是氟工业的主要矿物原料，故又称为氟石。英文名称来自拉丁文 fluere，是"流动"的意思，说明它具有助熔性能，可用作熔剂。萤石中的钙常被铈、钇等稀土元素所替代，替代数量较多时，形成铈萤石、钇萤石等变种。萤石的晶体结构是 AX_2 型化合物的典型结构之一，称萤石型结构。钙位于立方晶胞的角顶和面中心，配位数为 8。氟位于 1/8 晶胞的小立方体的中心，配位数为 4。晶体常呈立方体、八面体、菱形十二面体及其聚形。在高温条件下，

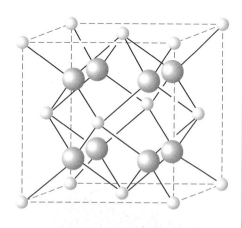

Ca   F

萤石的晶体结构

有利于形成八面体习性，低温条件常形成立方体、菱形十二面体。通常呈粒状、块状、土状集合体。萤石是天然矿物中色泽变化最多的矿物，一般常呈绿色或紫红色，较少为无色，另有白、黄、蓝、玫瑰红、黑色等。其颜色变化与形成温度、晶体缺陷、色心，或钇等稀土元素的存在有关。一般萤石颜色随这些元素含量的增高而加深。如深绿色萤石中，稀土元素钇的含量

萤石晶体 (2cm，江西)

最高，紫色萤石次之，白色、无色透明者含量最低。加热颜色会变浅、甚至消失；再用 X 射线照射，乃可恢复原色。玻璃光泽。莫氏硬度 4.0。密度 3.18 克 / 厘米^3。解理完全。熔点 1360℃。萤石是典型的在长波紫外光下，会发荧光的矿物。含稀土的萤石还会发磷光。萤石具有热发光性，发光强度随着钇等稀土元素含量的增多而增大。萤石是自然界常见的一种多成因矿物。普遍见于中酸性岩浆岩、沉积岩、变质岩及交代岩中，还作为表生矿物见于某些金属矿床氧化带中。但大多数萤石

萤石

是热液作用的产物，与石英、方解石、重晶石及铜、铅、锌等金属硫化物共生；沉积作用形成的萤石，与石膏、硬石膏、方解石、白云石等矿物共生。中国萤石矿产资源丰富，是最早开采和应用萤石的国家之一。矿床主要分布在闽浙沿海火山岩地区；在湖南、内蒙古、山西、辽东、黑龙江、广西、云南等地，均有大量萤石产出。主要

萤石晶洞

萤石产地有浙江武义杨家、德清县和嵊州，湖南郴州柿竹园，广西河池市大厂，福建邵武，内蒙古白云鄂博和四子王旗等。世界著名产地有墨西哥圣路易斯波托西州拉奎瓦矿山，美国伊利诺伊州和肯塔基州，意大利瓦拉尔萨，英国德比郡和达勒姆，西班牙奥索尔等。萤石具有广泛的工业用途。按其用途可分为冶金级、化工级、光学级、陶瓷级、工艺级萤石。它们的工业技术指标不同。如用作消色差、消除球面像差的透镜和棱镜的光学萤石，必须是极纯净、透明无色、无包裹体、无裂隙，晶体无缺陷部分应大于 6 毫米 ×6 毫米 ×4 毫米等。

[二、石盐]

化学成分为 $NaCl$，晶体属等轴晶系的卤化物矿物。由石盐组成的岩石，称为

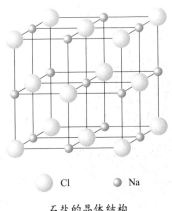

Cl　●Na

石盐的晶体结构

岩盐。英文名称来自希腊文 halos,是"盐"的意思。中国是世界开凿井盐最早的国家,早在公元前250年战国末期,四川成都双流一带凿井制盐昌盛,古代盐井深度达千米以上。石盐是典型的离子化合物,其晶体结构,是 AX 型化合物的典型结构:氯离子作立方最紧密堆积,钠离子充填全部八面体空隙,阴阳离子配位数均为8。

石盐成分中常含溴、铷、铯、锶及气体、卤水、泥沙、碳酸盐、硫酸盐等杂质。在钾盐矿床中的石盐,常具有光卤石、钾石盐等微细包裹体。最常见的晶形为立方体,其次是八面体、菱形十二面体及其聚形。快速生长条件下的晶体,立方体晶面上常形成漏斗状骸晶。次生或重结晶的石盐,多呈纤维状、拉长的柱状。表生形成的石盐,呈盐华状、葡萄状、钟乳状、盐笋等。现代盐湖里有珍珠状、扁砾状石盐,珠状粒径可达3～4厘米,又称珍珠盐。纯净石盐为无色透明,经常被杂质染成黄、红、蓝等各种颜色。玻璃光泽,风化表面具油脂感。莫氏硬度2.0。密度2.1～2.2克/厘米^3。解理完全。性脆。弱导电性。极高导热性。能潮解,易溶于水,难溶于酒精。味咸。石盐是典型的沉积矿物,主要产于干旱条件下的内陆湖盆,与海水有联系的封闭、半封闭的海湾、潟湖和内海;在蒸发量大于补给量环境里,会演化成盐湖、形成盐层。与石盐共生的矿物有钾石盐、光卤石、石膏、硬石膏、杂卤石、钙芒硝等。中国除沿海各省盛产海盐之外,古代和现代石盐资源都很丰富,分布区十分广泛。古代盐矿主要分布在四川、新疆、云南、江苏、江西、湖南、湖北、河南等省;现代盐湖石盐主要分布在青藏高原、内蒙古、新疆、甘肃等省。著名产地有青海柴达木盆地察尔汗和大风山,内蒙古阿拉善盟吉兰泰,西藏扎仓茶卡,新疆艾丁湖和库车,湖南衡阳盆地,云南勐野井,四川珙县凿井、江西会昌周田等。四川自贡、云南中部和西部有丰富的天然卤水矿床,可从中提取石盐。世界大型石盐矿床有美国萨莱纳

盆地、堪萨斯州和新墨西哥州，
摩洛哥海米萨特省，意大利西
西里岛，乌兹别克的费尔干纳，
德国萨克森，巴基斯坦旁遮普
省等。石盐是食物调味品和防
腐剂不可缺少的物质，是用于
提炼金属钠，生产氯气、盐酸、
碳酸钠、氢氧化钠、硫酸钠、
除草剂、纺织业染色剂、融解
道路冰雪等的矿物原料。

石盐（7cm，青海）

[三、钾石盐]

化学成分为 KCl，晶体属等轴晶系的卤化物矿物。曾名钾盐。英文名称来自
荷兰医学化学家 F. 西尔维乌斯的姓。钾石盐是钾盐矿物中含钾最高的矿物，含钾
量达 52.4%，常有锶、铷、铯、碘类质同象混入物和氯化钠、赤铁矿、杂卤石、
硬石膏等杂质。晶体常呈立方体、八面体或二者聚形，针状，粒状；块状集合体。
纯净钾石盐为无色透明，常被杂质染成乳白色、灰色、玫瑰色、褐红色等。玻璃光泽。
莫氏硬度 1.5～2.0。密度 1.97～1.99 克/厘米³。易潮解，易溶于水。味苦咸而涩。
不导电。具逆磁性。在阴极射线下发天蓝色或紫色荧光。钾石盐的成因与石盐相似，
由于钾石盐有较大的溶解度，是继石盐沉积之后才沉积的。与石盐、光卤石、杂
卤石、硬石膏、泻利盐、钾盐镁矾等矿物共生。钾石盐还能由光卤石分解和火山
升华作用而成。钾石盐是重要的钾盐矿石矿物，主要用作植物生长必不可少的钾
肥；是化学工业提钾的重要矿物原料之一，并用钾生产 KOH、K_2CO_3、KNO_3、

$KClO_3$、$KMnO_4$、KCN 等；还用于纺织、医药、洗涤剂、玻璃、陶瓷、颜料、炸药、航空汽油等行业。世界著名钾石盐产地有俄罗斯乌拉尔山脉地区、白俄罗斯斯塔罗宾、美国新墨西哥州特拉华盆地、德国斯塔斯富特矿床、加拿大萨斯喀彻温。中国钾石盐矿产地主要是青海柴达木盆地察尔汗盐湖、大浪滩和云南思茅勐野井。

[四、光卤石]

卤化物矿物，化学成分为 $KMgCl_3 \cdot 6H_2O$，晶体属斜方晶系。英文名称来自德文，以示纪念 19 世纪德国矿山工程师 R.von 卡纳尔。常呈粒状、致密块状、纤维状集合体。纯净光卤石为无色透明或白色半透明，常因含有镜铁矿呈红的色调；含有针铁矿等氢氧化铁时，呈褐色或黄的色调。新鲜面显玻璃光泽，在空气中很快被潮解、变暗，呈油脂光泽。莫氏硬度 2.0～3.0。密度 1.602 克／厘米³。无解理，性脆。具强吸水性，极易溶于水。味苦而辣咸。发强荧光。光卤石是常见的钾盐矿物之一，是在常温条件下，从富含钾镁的盐湖蒸发的残余溶液里结晶而成。因此，光卤石是天然盐湖中最后形成的矿物之一。它覆盖于石盐层的顶部，与石盐、钾石盐、杂卤石、水氯镁石、水镁矾、硫酸镁石等伴（共）生。光卤石除含钾外，还含镁及少量溴、铷、铯等类质同象混入物，是制造钾肥、提取钾镁金属元素、制取钾镁化合物的矿物原料。光卤石主要分布在钾镁盐湖中。中国青海柴达木盆地察尔汗附近的达布逊盐湖，是世界罕见的内陆盆地现代沉积型光卤石矿床；云南勐野井有第三纪光卤石矿产出，与钾石盐共生。世界著名矿床有德国马格德堡-哈尔伯施塔特地区的施塔斯富特矿床、俄罗斯乌拉尔二叠系钾镁矿床、白俄罗斯斯塔罗宾和美国新墨西哥州特拉华盆地二叠系的钾盐矿床。

第五章 氧化物矿物

　　一系列金属阳离子和少数非金属阳离子与氧离子（O^{2-}）结合的一类矿物。组成氧化物的阳离子,主要是惰性气体型离子和过渡型离子(铝、硅、钙、镁、铁、铬、钛、锰、铌、钽等）,铜型离子（铜、锌、铋等）极少；阴离子除氧之外,有少量的氯、氟和氢氧离子团；少数氧化物含有水分子。

　　一般根据标准化学式中阳离子与氧的比例, 将氧化物划分为简单氧化物类, 含 XO、X_2O、XO_2、X_2O_3 型；复杂氧化物类, 含 XYO_3、XY_2O_4、XYO_4、XY_2O_6、$X_2Y_2O_7$ 型（X、Y 分别为两种不同的金属阳离子, O 为氧）。常见的氧化物矿物及特征见表。

　　氧化物的化学键主要有以离子键为主和以共价键为主两种, 少数矿物（方锑矿、砷华）具分子键。化学键的类型与离子的电价和离子的类型有关。同为惰性气体型离子, 随着电价的增高, 共价键的成分也随之增多, 如含二价镁（Mg^{2+}）的方镁石（MgO）, 属离子键为主氯化钠型结构的矿物；含三价铝（Al^{3+}）的刚玉（Al_2O_3）, 属离子键向共价键过渡并具有较多共价键成分的矿物；含四价硅（Si^{4+}）的石英（SiO_2）, 则以共价键为主。就离子类型而言,

氧化物矿物特征

矿物名称	化学组成	晶系	形态	颜色	解理	其他
红锌矿	ZnO	六方	粒、叶片状	橙黄、褐红	完全	反磁性、检波性
方镁矿	MgO	等轴	粒状	灰白、棕黄	完全	不导电
方钍矿	ThO_2	等轴	粒状	暗灰、褐黑	不完全	强放射性
刚玉	Al_2O_3	三方	柱、板状	各种颜色	无	裂开明显
赤铁矿	Fe_2O_3	三方	板、片、鲕状	钢灰、铁黑	无	导电性、检波性
晶质铀矿	$UO_{2.17\sim2.70}$	等轴	粒、块、土状	黑、褐黑色	无	强放射、弱电磁性
烧绿石	$(Ca, Na)_2Nb_2O_6(OH, F)$	等轴	粒状	暗棕、黄绿	不完全	常非晶质化
细晶石	$(Ca, Na)_2(Ta, Nb)_2O_6(OH, F)$	等轴	粒状	浅黄、黄褐	无	
钛铁石	$FcTiO_3$	三方	粒、片、厚板	铁黑、钢灰	无	性脆
尖晶石	$MgAl_2O_4$	等轴	粒状	各种颜色	不完全	
金绿宝石	$BeAl_2O_4$	正交	板、粒状	绿、黄色	中等	荧光性
铬铁矿	$FeCr_2O_4$	等轴	粒状	棕褐、铁黑	无	弱磁性
磁铁矿	Fe_3O_4	等轴	粒状	铁黑色	无	强磁性
锐钛矿	TiO_2	四方	锥、板柱状	褐、黄色	完全	
板钛矿	TiO_2	正交	双维、柱状	褐、黑色	不完全	
金红石	TiO_2	四方	柱状、针状	暗红、褐色	完全	
易解石	$Ce(Ti, Nb)_2O_6$	正交	粒、板、针状	棕、紫、黑	无	弱电磁性
软锰矿	MnO_2	四方	柱、针、土状	钢灰、黑色	完全	土状者硬度降低
锡石	SnO_2	四方	柱、块状	褐、黑色	不完全	
黑钨矿	$(Mn, Fe)WO_4$	单斜	板、板柱状	褐黑、黑色	完全	弱磁性
褐钇铌矿	$YNbO_4$	四方	柱、纺锤状	褐黄、黑褐	中等	电磁性
铌铁矿	$(Fe, Mn)Nb_2O_6$	正交	板、柱、针状	铁黑、褐黑	中等	电磁性
钽铁矿	$(Fe, Mn)Ta_2O_6$	正交	柱、针、板状	铁黑、褐黑	中等	电磁性
黑稀金矿	$Y(Nb, Ti)_2O_6$	正交	板柱、块状	褐黑、红棕	无	荧光性、电磁性
铋华	$\alpha\text{-}Bi_2O_3$	单斜	块状、土状	黄、黄绿等	无	
锑华	Sb_2O_3	正交	板柱、土状	白、黄白等	不完全	
砷华	As_2O_3	等轴	毛发、土状	白、蓝白等	完全	
铀黑	$UO_{2.70\sim2.92}$	等轴	土状、粉末状	黑、灰、棕		土状者硬度低
沥青铀矿	$UO_{2.16\sim2.70}$	等轴	球粒、肾状	黑、暗绿色	无	电磁性

《中国大百科全书》普及版◎ 芝麻开门——大地矿藏 zhimakaimen dadikuangcang

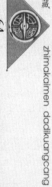

从惰性气体型、过渡型离子向铜型离子改变，共价键成分增强。在离子键为主的矿物中，类质同象代替广泛；以共价键或分子键为主的矿物中，类质同象代替是有限的。

氧化物矿物常呈完好晶形，集合体呈粒状、致密块状等。通常为无色或浅色，透明至半透明，以玻璃光泽为主。含铁、锰、铜等过渡型和铜型离子者，颜色加深、透明度降低、光泽增强。硬度较大，莫氏硬度一般均在 5.5 以上，刚玉高达 9.0。密度变化大，如 β－方英石密度 2.19 克／厘米^3，晶质铀矿密度 7.5～10.8 克／厘米^3，这与元素原子量和结构密度有关。化学性能稳定，溶解度低、熔点高。含铁、钛、铬等元素的矿物，具有不同程度的磁性。含铀、钍元素者，具放射性，并因放射性蜕变产生非晶质化。

氧化物矿物广泛形成于内生、外生和变质作用的产物中，有多成因的和单成因之别；不同矿物分布广度差异明显，其中石英分布最广，能在不同条件下形成；而铬铁矿几乎只在岩浆作用条件下形成，发现于超基性和基性岩中；赤铜矿、砷华、锑华、铋华等是硫化物的氧化产物，见于硫化矿床氧化带。对含变价元素（铁、铬、锰等）矿物而言，低价氧化物主要形成于内生条件，而高价氧化物则在表生条件下形成。多数氧化物化学性能稳定，能在砂矿中产出。

氧化物矿物具有广泛的用途。其中石英不仅是重要的造岩矿物，而且是现代电子、光学仪表等行业重要的矿物原料。一些矿物（磁铁矿、赤铁矿、金红石、软锰矿、锡石、铌钽铁矿、易解石、晶质铀矿、方钍石等）是提取铁、钛、锰、锡、稀土和稀有放射性元素及其化合物的重要矿石矿物。有些矿物（刚玉、尖晶石、水晶、蛋白石等）是精密仪表、宝石等行业的矿物原料。

[一、赤铜矿]

化学成分为 Cu_2O，晶体属等轴晶系的氧化物矿物。英文名称来自拉丁文 cuprum，即"铜"的意思。赤铜矿的含铜量高达 88.82％，若大量聚集，是一种重要的铜矿石；通常作为次要铜矿石利用，或作为寻找原生铜矿床的找矿标志。赤铜矿晶体呈立方体、八面体、菱形十二面体，或由它们构成的聚形。当晶体沿立方体棱方向生长，呈毛发状或交织成毛绒状者，称为毛赤铜矿。完整的赤铜矿单晶体很少见，常呈致密块状、柱状、针状或土状集合体。新鲜面呈红色。金刚光泽至半金属光泽。长期暴露在空气中，晶体表面呈暗红色，光泽变暗。条痕褐红色。莫氏硬度 3.5～4.0。密度 5.9～6.1 克/厘米³。解理不完全。性脆。具有良好的导电性和光电效应。赤铜矿为典型的表生矿物，是从原生的黄铜矿、斑铜矿等铜的硫化物和次生的辉铜矿转变而成。在铜矿床氧化带中，与自然铜、辉铜矿、孔雀石、蓝铜矿、褐铁矿等共（伴）生。世界著名赤铜矿产地有法国里昂的切西、俄罗斯乌拉尔山等。

毛发状赤铜矿（1.5cm，云南）

《中国大百科全书》普及版◎ 芝麻开门——大地矿藏 zhimakaimen dadikuangcang

[二、刚玉]

·

化学成分为 Al_2O_3，晶体属于三方晶系的氧化物矿物。Al_2O_3 有 α、β、γ 等多种变体，自然条件下稳定的 $α-Al_2O_3$ 变体称为刚玉。英文名称源于印度文的矿物名 kauruntaka。在刚玉的晶体结构中，氧原子呈六方最紧密堆积，最紧密堆

刚玉（1cm，山东）

积层垂直于三次对称轴，铝原子则充填于其 2/3 数的八面体空隙中，形成"刚玉型"结构。它是 A_2X_3 型化合物的一种典型结构。晶体多呈如腰鼓状、柱状、板状；集合体呈块状或粒状。常呈白、灰、灰黄等色，含少量杂质染成各种颜色。含 Cr^{3+} 呈红色，称红宝石；含 Ti^{4+} 和 Fe^{2+} 呈蓝色，称蓝宝石。玻璃光泽至金刚光泽。无解理，常因存在聚片双晶出现裂理。莫氏硬度高达 9.0，仅次于金刚石。密度 3.95 ～ 4.10 克 / 厘米 ³。化学性能稳定，不易受风化或腐蚀。刚玉产于富铝贫硅的火成岩和变质岩中，并常见于冲积砂矿中。世界著名的宝石级刚玉产地有缅甸的抹谷、斯里兰卡的拉特纳普勒、柬埔寨的马德望和拜林等。希腊的纳克索斯盛产刚玉砂。中国新疆、海南、山东、福建、江苏、台湾等地都有产出。一般的刚玉或刚玉砂，加入结合剂制成砂布、砂纸、砂轮等，均用作超精研磨和抛光

材料；由于它与水泥、沥青有很好的调和性，被用于公路止滑、化工厂的地板铺装及堰堤护床的表装材料。红宝石和蓝宝石都是名贵的宝石，现在人工培养的刚玉（含红宝石、蓝宝石）已大量替代天然刚玉而被广泛利用。红宝石还用作激光发射材料，精密仪器、钟表的轴承材料等。

[三、赤铁矿]

化学成分为 Fe_2O_3，晶体属三方晶系的氧化物矿物。英文名称源于希腊文 haimatos，意思与赤铁矿研成粉末时呈暗血红色有关。赤铁矿含铁量达 69.94％，是最主要的炼铁矿物原料之一；还可用作红色颜料和磨料。成分中可含少量的钛、铝、钙、镁等。完好晶体少见，常呈板状、片状、粒状、致密块状、鲕状、豆状、肾状等。在实际工作中，又把呈片状者，称镜铁矿；呈细鳞片状者，称云母赤铁矿，中国古称"云子铁"；红褐色粉末状或土状者，称铁赭石；表面光滑、明亮的红色钟乳状赤铁矿，称红色玻璃头。赤铁矿晶体呈钢灰色至铁黑色，隐晶质和粉末状赤铁矿呈暗红色。条痕色呈樱桃红色。金属光泽至半金属光泽，铁赭石呈土状

赤铁矿

《中国大百科全书》普及版◎

芝麻开门——大地矿藏

zhimakaimen dadikuangcang

光泽。莫氏硬度 5.5～6.5。密度 4.9～5.3 克 / 厘米^3。性脆。无解理。镜铁矿常含细微磁铁矿包裹体，具有磁性。赤铁矿是自然界分布很广泛的矿物之一。赤铁矿矿床与沉积作用、沉积变质作用和接触变质作用有关，也常见于热液矿床和氧化带里。赤铁矿常与磁铁矿共生，并在一定条件下相互转变；可水化变成针铁矿、水赤铁矿。世界大型的赤铁矿产地有美国苏必利尔湖、巴西米纳斯吉拉斯、意大利厄尔巴。中国河北宣化铁矿和湖南宁乡铁矿，均属沉积型赤铁矿床。

[四、金红石]

化学组成为 TiO_2，晶体属四方晶系的氧化物矿物。英文名称由拉丁文 rutilas 派生而来，是"红色"的意思。它与锐钛矿、板钛矿构成 TiO_2 同质三象变体。锐钛矿属四方晶系，但空间群与金红石不同；板钛矿则属正交（斜方）晶系。金红石常含 Fe^{2+}、Fe^{3+}、Nb^{5+}、Ta^{5+} 等，其含量高的分别称为铁金红石、铌铁金红石和钽铁金红石。金红石通常呈双锥柱体、板状或针状晶体，柱面上常有纵纹；有时呈粒状、块状集合体。膝状双晶常见；针状晶体按双晶而连生成网状的称为网金红石。当石英、金云母、刚玉等晶体中，包裹有显微针状的金红石晶体并呈定向分布时，可使这些矿物晶体产生六射星状光芒。金红石通常呈暗红色、红棕色，富含铌、钽的呈黑色。条痕呈淡黄或浅棕色。金刚光泽至半金属光泽。柱面解理完全。莫氏硬度 6.5。密度 4.2～4.3 克 / 厘米^3，富含铌、钽者高达 5.6 克 / 厘米^3。金红石是自然界分布最广、最稳定的 TiO_2 矿物。主要产于高温伟晶岩脉和石英脉中，与钛铁矿、锆石、独居石、萤石、磷灰石等矿物共生。中国山东产出的金红石巨晶长达 20 多厘米。在花岗岩、片麻岩、云母片岩和榴辉岩等岩石中，多呈副矿物出现。由于金红石化学性能稳定，也常见于碎屑岩和砂矿中。澳大利亚、南非、塞拉利昂、印度、斯里兰卡、美国、意大利是金红石的主要生产国。著名

板状金红石（4.5cm，辽宁）

产地有塞拉利昂南部省邦特地区，俄罗斯伊尔门山，澳大利亚的新南威尔士和昆士兰，美国的弗吉尼亚等。中国江苏、辽宁、山东、河南、湖北、安徽等省也有产出。金红石主要用作电焊条的药皮涂层；有时也用来提取钛，用于合金；或在瓷器、假牙和玻璃制造上用作黄色着色剂。人工制备的粉末状钛白，有金红石型和锐钛矿型两种结构，是颜色洁白、遮盖力很高的白色颜料，广泛用于涂料、搪瓷、塑料、油墨、合成纤维、造纸、橡胶等行业，也用作磨料、抛光剂、电焊条配料、含钛催化剂配料等。由焰熔法合成的金红石晶体，无色透明，并可随添加物的不同染成各种美丽的颜色；又因其折射率高、色散强，也用作宝石，其质量优于天然晶体。

[五、锐钛矿]

化学成分为 TiO_2，晶体属四方晶系的氧化物矿物。英文名称来自希腊文，意指其锥形体比相似四方晶系矿物要长和尖锐些。与金红石和板钛矿成同质三象。晶体常呈尖锐的四方双锥状，有时呈板状、柱状。颜色变化大，多呈褐黄、灰黑色，偶见灰白色或接近无色。条痕浅黄至白色。金刚光泽。莫氏硬度 5.5 ～ 6.5。密度 3.82 ～ 3.97 克 / 厘米^3。解理完全。其产出条件和用途与金红石相似，但不如金红石稳定和常见。世界著名产地有巴西中南部的塔皮拉矿山、巴纳内拉斯矿床和卡塔朗矿床。以其主要钛矿物是锐钛矿，而不是金红石或钛铁矿闻名于世。在中国内蒙古白云鄂博钠闪石型和钠辉石型矿石中有含铌锐钛矿产出。

[六、板钛矿]

化学组成为 TiO_2，晶体属正交（斜方）晶系的氧化物矿物。英文名源于纪念英国结晶学家和矿物学家 H.J. 布鲁克（Henry James Brooke）。与金红石和锐钛矿成同质三象。天然板钛矿常含铁、铌、钽，含量高者称铁板钛矿、铌板钛矿、钽板钛矿。晶体呈板状或柱状。常呈不均匀的淡黄色、浅褐色、铁黑色。金刚光泽至金属光泽。莫氏硬度 5.5 ～ 6.0。性脆。密度 3.90 ～ 4.14 克 / 厘米^3。解理不完全。产出条件和用途都与金红石相似，但不如金红石稳定，是一种比较少见的热液型矿物。在俄罗斯乌拉尔、美国亚利桑那州、英国威尔士、中国辽宁凤城等地都有产出。

[七、锡石]

化学组成为 SnO_2，晶体属四方晶系的氧化物矿物。英文名来自希腊文 kassiteros，是"锡"的意思。常含铁、钽、铌等混入物，它们以类质同象方式替代锡，或以

锡石

锡石晶体（7cm，四川）

氧化物的细分散包裹物形式存在。具金红石型结构。常见由四方双锥和四方柱组成的聚形晶、锥柱状或双锥状的完好晶形。膝状双晶普遍。集合体大多呈粒状、致密块状。外壳呈葡萄状或钟乳状，而内部具同心放射纤维状构造的，称木锡石，是在胶体溶液里形成的。纯净的锡石几乎无色，但一般均被杂质染成黄棕色或棕黑色。条痕白色。金刚光泽，断口呈油脂光泽。莫氏硬度 6.0～7.0。密度 6.8～7.1 克 / 厘米^3。解理不完全。无磁性，但富铁的锡石，具有电磁性。锡石是最常见的锡矿物，含锡量 78.6％，也是提炼锡的最主要的矿石矿物。锡主要以镀锡板、焊锡、合金和化合物的形式得到广泛应用。锡石主要产在花岗岩类侵入体内部或近岩体围岩的热液脉中，在伟晶岩和花岗岩中也常有分布。由于它化学性能稳定、硬度高、相对密度大，常富集成砂矿，称为砂锡。锡石大部分采自砂矿。中国、马来西亚、泰国、印度尼西亚、澳大利亚、玻利维亚等是锡石的主要生产国。中国的产地主要分布于云南、广西及南岭一带，其中以广西南丹大厂规模最大。云南个旧锡矿开采历史悠久，有中国"锡都"之称。

[八、黑钨矿]

氧化物矿物，化学成分为 (Fe, Mn)WO$_4$，晶体属单斜晶系。又称钨锰铁矿。英文名称与 1783 年 J.J. 埃卢亚尔和 F. 埃卢亚尔兄弟俩从黑钨矿中分离出金属钨有关。并定名为 wolfram。而 wolfram 源自古德语 wolf（令人不快的）和 ram（浮渣），指当时冶炼含黑钨矿的矿石时表面出现浮渣。黑钨矿是 FeWO$_4$ - MnWO$_4$ 类质同象系列的中间成员。在这个系列中，含 FeWO$_4$ 或 MnWO$_4$ 分子在 80% 以上的分别称为钨铁矿或钨锰矿。镁、钙、铌、钽、钪、钇、锡是黑钨矿中常见的混入物。黑钨矿晶体呈板状、柱状或粒状。通常是黑色。半金属光泽。不透明。其光学性质随成分中铁和锰的含量变化而变化。含铁高者，色深；含锰高者，多呈褐红色。金刚光泽—半金属光泽。半透明—不透明。具一组完全解理。密度 7.25 ~ 7.60 克 / 厘米^3。莫氏硬度 4.0 ~ 4.5。性脆。属电磁性矿物。化学性质比较稳定，一般不溶于水，难溶于酸碱溶液，但可被王水溶解，形成黄色粉末状的钨酸沉淀。主要产于高温热液型石英脉中，常与石英、锡石、辉钼矿、辉铋矿、毒砂、黄铁矿、黄玉、绿泥石、电气石、铌铁矿、钽铁矿、稀土矿物等共生。经长期风化，形成钨华、水钨华、高铁钨华、水铝钨华等次生钨矿物。以中国赣南为主体的南岭及其邻区的钨矿，无论是钨的储量与产量，均居世界前列。其他主要产

黑钨矿与水晶（白色）共生（h 20cm，广东）

地有俄罗斯西伯利亚、缅甸莫契、泰国恩戈姆山、加拿大普莱森特山、玻利维亚乔赫亚、澳大利亚卡拜因山等。黑钨矿含 WO$_3$ 约 76%，是提炼钨的最主要矿物原料之一。

[九、软锰矿]

放射状软锰矿（4cm，湖南）

化学成分为 MnO_2，属四方晶系的氧化物矿物。英文名源于希腊文 pyr 和 louein，是"燃烧"和"洗涤"的意思，因为在玻璃制造业，利用它来清除玻璃的颜色。金红石型结构，与正交（斜方）晶系的拉锰矿成同质多象。发育良好的柱状晶体称黝锰矿，但罕见。集合体呈块状、土状、肾状，有时具放射纤维状构造；呈树枝状者见于岩石裂隙面上，习称假化石。通常呈钢灰色或铁黑色。条痕黑色。金属光泽。土状软锰矿的莫氏硬度 1.5～2.5，摸之污手；密度 4.7～5.0 克/厘米³。显晶质的软锰矿，硬度高达 6.0～6.5；密度为 5.1 克/厘米³。解理完全。软锰矿含锰量达 63.2%，是提炼锰的重要矿石矿物。除在冶金、化工、电子、玻璃行业得到广泛利用外，在环保领域还用作净化工业用水和饮用水、吸收废气的净化催化剂。在强烈氧化条件下形成，主要在沼泽、湖底、海底和洋底形成沉积矿床，以及在矿床氧化带、岩石风化壳里产出。南非、乌克兰、俄罗斯、加蓬、巴西、印度、澳大利亚为世界主要产地。著名产地有澳大利亚的格鲁特岛，乌克兰的尼科波尔和托克马克，俄罗斯的北乌拉尔，保加利亚的瓦尔纳。中国湖南、四川、广西、辽宁等地锰矿床中也盛产软锰矿。

[十、晶质铀矿]

化学成分为 $UO_{2.17\sim2.70}$，晶体属等轴晶系的氧化物矿物。在自然界中不存在纯 UO_2 成分的矿物，在所有铀的氧化物中都含 U^{6+}，所以晶质铀矿化学式也写成 $mUO_2 \cdot nUO_3$。钍、钇、铈等稀土元素可类质同象替代铀，含量高的分别称为钍铀矿或钇铀矿。因类质同象置换和放射性衰变，使化学组成复杂而多变。晶质铀矿具强放射性，化学成分中总含有氦、氮、镭、钪、钋、铅，它们都是铀、钍放射性蜕变后的产物。镭和地球上的氦都首先是在晶质铀矿中发现的。根据铅铀比和氦铀比可以测定矿物的地质年龄。晶质铀矿具萤石型结构，以立方体或八面体晶形为主，但少见；集合体呈细粒状、钟乳状或土状。呈钟乳状的隐晶质或非晶质体，称沥青铀矿；富含 U^{6+} 的土状变种称铀黑。晶质铀矿呈黑色，氧化后呈棕褐色，条痕棕黑色。半金属光泽，风化面光泽暗淡。莫氏硬度 5.0～6.0，性脆。密度 7.5～10.8 克/厘米³，并随着氧化程度的增高、钍或稀土元素替代铀量的增大而降低。贝壳状断口，无解理。晶质铀矿为典型的内生铀矿物，主要产于花岗岩、伟晶岩与高温热液铀矿床、沉积变质型的砾岩层或沉积变质铀矿床中。产于伟晶岩中的晶质铀矿，具有良好晶形、钍和稀土元素含量较高的特点，常与含稀土、稀有元素矿物，电气石、锆石、长石等矿物共生；但有工业价值的矿床较少。在沉积变质岩层中的晶质铀矿，常与沥青铀矿、金、镍等金属矿物一起形成大型的矿床。晶质铀矿受蚀变或风化淋滤，会形成颜色鲜艳的、可作为找矿标志的铀的次生矿物——脂铅铀矿、钙铀云母、铜铀云母等矿物。晶质铀矿是提炼铀、钍、镭的重要矿石矿物。因 ^{235}U 发生裂变能释放大量的能量，铀作为一种重要的能源资源，广泛应用于国防和核能发电等工业。澳大利亚、加拿大、美国、南非、巴西、纳米比亚、尼日尔等是最主要的铀矿生产国，这些国家占世界铀总储量的 80% 以上。著名产地有澳大利亚的贾比卢卡、纳米比亚的罗辛矿床、加拿大的班克罗夫特地区等。

[十一、沥青铀矿]

晶质铀矿的隐晶质变种，化学组成为$UO_{2.16\sim2.70}$。形态多样，常呈肾状、球粒状、钟乳状、皮壳状、致密块状等胶状集合体形式产出。黑色，水化后呈暗绿色。沥青光泽，风化后呈土状光泽。莫氏硬度$3.0\sim5.0$，密度$6.5\sim8.5$克/厘米^3，都小于晶质铀矿。硬度和密度随含氧系数和含水量的增加而降低。贝壳状断口，无解理，常具干裂纹。具电磁性。主要产于中、低温热液铀矿床中；也呈块状、浸染状和细脉状产于沉积、沉积变质和淋积型铀矿床中。与晶质铀矿、铀黑、白铁矿、黄铁矿、自然硒等共生。一般不含或微含钍，是自然界中发育最为广泛的最重要的工业铀矿物。

[十二、铀黑]

化学组成为$UO_{2.70\sim2.92}$，呈黑色土状的晶质铀矿变种。晶质或非晶质。晶质铀黑的晶体结构与晶质铀矿相同，化学组成也与晶质铀矿基本相同，但富含U^{6+}，并含较多的杂质混入物。通常呈粉末状、土状块体。黑色、灰黑色，光泽暗淡。莫氏硬度$1.0\sim4.0$。密度$2.8\sim4.8$克/厘米^3。硬度和密度值都随成分中U^{6+}含量的增大而减小。铀黑形成于表生条件，根据成因和产状，有残余铀黑与再生铀黑之分。残余铀黑是由晶质铀矿、沥青铀矿在氧化条件下形成的残留产物，部分U^{4+}被氧化为U^{6+}，并可保持原来的矿物形态，产于原生铀矿床的氧化带和胶结带中。再生铀黑是在还原条件下形成，是氧化带下渗溶液中的部分U^{6+}在胶结带内还原为U^{4+}，再沉淀而成；一般为非晶质，在电子显微镜下呈球粒状。铀黑是提取铀的重要原料之一。

[十三、磁铁矿]

化学成分为 Fe_3O_4，晶体属于等轴晶系的氧化物矿物。英文名称与位于巴尔干半岛马其顿地区附近的 Magnesia 地名有关。传说是当地牧民，在他们的拐杖铁头和皮鞋钉上吸有这种矿物而被发现。在中国古籍中，有慈石、磁石、玄石、灵磁石、雄磁石等之称，表征它具有磁性。含铁量为 72.40 %，是重要的炼铁矿物原料之一。成分中常含各种杂质，伴有可综合利用的钛、钒、铬、镍、钴等元素。当矿石中有害元素很少时，可直接用于平炉炼钢。磁铁矿是中国传统的一种矿物药，具有镇静安神的功效。磁铁矿单晶几乎都是八面体或菱形十二面体，双晶常见，粒状或致密块状集合体。铁黑色。半金属至金属光泽。莫氏硬度 5.5 ～ 6.5。性脆。密度 5.2 克 / 厘米 ^{3}。无解理，有时具八面体裂开，它是由钛铁矿、钛铁晶石显微包裹体定向排列造成的。磁性强，能被磁铁所吸引。某些磁铁矿具有极磁性，即用它能吸引铁之类物质，这种天然磁铁矿，又称极磁铁矿。中国古籍中有吸针石、

八面体磁铁矿 （2cm）

磁铁矿

吸铁石之称。早在战国时代，就能用磨细的极磁铁矿作指南针，称为"司南"。磁铁矿是多种成因的矿物，并能聚集成有经济价值的大型铁矿床。主要有岩浆型（如中国四川攀枝花、瑞典基鲁纳、俄罗斯乌拉尔的卡奇卡纳尔、南非布什维尔德铁矿），高温热液型（如中国内蒙古白云鄂博富含稀土铁矿），火山岩型（如智利拉科、哈萨克斯坦阿塔苏地区、伊朗巴夫格区），接触交代型（如中国湖北大冶、俄罗斯乌拉尔、哈萨克斯坦图尔盖地区），沉积变质型（如中国辽宁鞍山、河北迁安，美国苏必利尔湖区、加拿大拉布拉多、俄罗斯库尔斯克、澳大利亚皮尔巴拉、巴西米纳斯吉拉斯州），也常见于砂矿中。在自然界，磁铁矿易氧化转变成赤铁矿并保留外形的，称为假像赤铁矿。

[十四、尖晶石]

化学组成为 $MgAl_2O_4$，属等轴晶系的氧化物矿物。英文名称来自拉丁文 spinella，是"刺"的意思，形容它具有棱角清楚而尖锐的八面体晶形。化学成分中常有铁、锰、锌替代镁，铬、铁替代铝。在尖晶石的晶体结构中，阴离子氧作立方最紧密堆积，阳离子位于氧离子最紧密堆积形成四面体空隙和八面体空隙中。尖晶石型结构为 AB_2X_4 型化合物的典型结构，已知有上百种。八面体晶形很常见，还常以八面体面为双晶面和接合面构成双晶，称为尖晶石律双晶。无色，含色素离子 Cr^{3+}、Fe^{2+}、Fe^{3+}、Zn^{2+}、Co时，可呈红、蓝、绿、褐、黄等色。

a
八面体晶形

b
尖晶石律双晶

尖晶石的晶形（a）和双晶（b）

玻璃光泽。莫氏硬度 8.0。密度 3.5 ～ 4.0 克 / 厘米³。硬度和密度值都随着成分中铁、铬替代量的增多而增大。解理不完全。尖晶石产于镁质灰岩与酸性岩浆岩接触的变质岩及基性、超基性火成岩中。透明而色泽艳丽的尖晶石是高档宝石材料。世界著名产地有缅甸、阿富汗、斯里兰卡、泰国。中国云南、四川、山东、福建等地也有产出。

[十五、铬铁矿]

氧化物矿物，化学组成为 $(Fe, Mg)Cr_2O_4$，晶体属等轴晶系。英文取名与成分中含铬（chromium）有关。成分中的铁可被镁替代，铬可被铝、铁所置换；当以镁为主时，称镁铬铁矿（magnesiochromite）；以铁为主时，称铁铬铁矿（ferrochromite）。铬铁矿通常呈块状或粒状集合体，褐黑至铁黑色。条痕浅褐至暗褐黑色。半金属光泽。莫氏硬度 5.5 ～ 6.0。密度 4.0 ～ 5.2 克 / 厘米³，随成分中铁含量的增多而增大，随铝含量的增多而降低。具弱磁性，磁化率的大小与 Fe^{3+} 的含量呈正相关。铬铁矿 Cr_2O_3 的含量 67.91％，是制取铬和铬化合物的主要矿物原料，也是一种重要的战略物资。广泛用于冶金、化学、高温耐火材料和军事工业领域。铬铁矿仅产于超基性岩或基性岩中。大型铬铁矿矿床主要产于南非北部省布什维尔德杂岩体和津巴布韦中部省的大岩墙、芬兰拉皮省凯米、巴西巴伊亚州坎波弗莫索、

铬铁矿

俄罗斯南乌拉尔肯皮尔赛等地。中国的西藏、陕西、甘肃、新疆和山东等地也有产出。

[十六、铌铁矿]

氧化物矿物。化学组成为 $(Fe, Mn)Nb_2O_6$，属正交（斜方）晶系。英文名来自美国的哥伦比亚（columbia），在那里首次从天然标本里发现含铌元素，取名与铌的旧名钶（columbium）有关。在成分中常有锰替代铁，钽替代铌。当铁、铌含量分别高于锰、钽时，称铌铁矿；反之，称钽锰矿。当钽、铁含量分别高于铌、

板状铌钽铁矿（h 6cm，新疆）

锰时，称钽铁矿；反之，称铌锰矿。铌铁矿与钽铁矿可形成完全类质同象系列，有铌钽铁矿（columbite-tantalite）之称。铌铁矿晶体呈板状、柱状或针状，双晶发育；集合体呈块状、放射状或晶簇状。褐黑至黑色。半金属光泽。具清晰的板状解理。莫氏硬度6.0。密度5克/厘米^3。随成分中钽含量的增高，硬度及密度值也随之增大。铌铁矿含 Nb_2O_5 为47%～78.88%，是提取铌以及钽的主要矿物原料。铌是一种高熔点的稀有金属，具有良好的耐腐蚀性、热电传导性、电子发射性、超导性能。广泛应用于冶金、原子能、航天和航空、电子、超导、军事、化工等领域。产于火成碳酸岩、花岗岩、花岗伟晶岩和砂矿中。世界著名的铌铁矿生产国有巴西、美国、俄罗斯、尼日利亚和刚果民主共和国等。中国广西恭城的栗木有特大型的铌铁矿矿床，新疆阿尔泰曾产出重达数千克的铌铁矿晶体。

[十七、钽铁矿]

氧化物矿物，化学组成为 $(Fe, Mn)Ta_2O_6$，晶体属正交（斜方）晶系。英文名取自希腊传说中的坦塔洛斯（Tantalus），在冥界受到的泡在水中而饮不到水的惩罚命运，形容这矿物浸于酸中的难溶现象。成分中经常有铌置换其中的钽，与铌铁矿成完全类质同象系列。因而所有的参数与物理性质均与铌铁矿类同，但密度和硬度有明显的升高。莫氏硬度为6.5。密度达8.2克/厘米^3。难溶于各种酸中。钽铁矿含 Ta_2O_5 可达86.12%，是提取钽及铌的主要矿物原料。由于钽是高熔点金属，它的氧化膜在常温下耐腐蚀性强，在航天航空、电子等尖端技术及工业领域得到广泛的应用。主要用作高容量的电容器、抗氧化和难熔合金、各种抗腐蚀的金属器件；也是外科手术用于骨骼修复和内部缝合的理想材料。主要产于花岗岩或花岗伟晶岩及其砂矿床中。主要产地有加拿大的伯尼克湖、刚果民主共和国的卢克卢以及巴西、澳大利亚等。

[十八、褐钇铌矿]

化学成分为 $YNbO_4$，晶体属四方晶系的氧化物矿物。以苏格兰医生 R. 费格森（Robert Ferguson）的姓氏命名。成分中部分钇常被铈等稀土所替代；铌被钽替代；并含铀、钍、锆、钙等杂质。与黄钇钽矿 $YTaO_4$ 成完全类质同象系列。褐钇铌矿晶体呈四方柱状或纺锤状，通常成块状或粒状集合体。黄褐色至黑褐色。新鲜断面呈油脂光泽或半金属光泽。莫氏硬度 5.5～6.5，并随水化程度的加深而降低。密度 4.9～5.8 克/厘米^3，并随着钽替代量的增多而增大；黄钇钽矿的密度为 6.24～7.03 克/厘米^3。具放射性，因放射性元素会导致晶体非晶质化，使其原有的中等程度解理并不常见。产于花岗岩、花岗伟晶岩、碱性花岗岩、碱性岩、热液蚀变岩和残积或冲积砂矿中。是提取钇族稀土及放射性元素的矿物原料。中国主要产地有广西姑婆山、内蒙古白云鄂博、江西西华山、四川茨达等地。

[十九、易解石]

氧化物矿物，化学组成为 $Ce(Ti, Nb)_2O_6$，晶体属正交（斜方）晶系。成分中的稀土元素以铈族元素为主（钇族稀土含量 ≤ 9%），以此与钇易解石（priorite）相区别。广泛的类质同象替换导致易解石的成分复杂性。钛与铌除呈完全类质同象置换外，常被铁、钽、铝所替换。铈常被钇、钍、铀、钙、铁等置换，形成钍易解石、铀易解石（震旦矿）等亚种。晶体呈粒状、板状、柱状、针状；集合体呈块状、束状。棕褐色至黑色。油脂光泽至金刚光泽。莫氏硬度 5.0～6.0。密度 4.9～5.4 克/厘米^3，随成分中铌与钛、稀土与钙的比值的增高而增大。易解石受非晶质化或水解后，其颜色会变浅，光泽、硬度、密度会降低。弱电磁性。易解石主要产于碱性岩、碱性伟晶岩和碳酸岩中，偶见于花岗伟晶岩中。中国易解石产地主要在内蒙古，产于花岗正长岩后期溶液交代的碳酸岩矿床中，与霓石、钠闪石、钠长石和氟碳铈矿、黄河矿等稀土矿物共生。俄罗斯乌拉尔的易解石，呈副矿物产于多种碱性岩体中，与锆石、褐帘石、白云母、黑云母等共生。易解石是提取铈、钇稀土，铌、钽、铀、钍稀有放射性元素的矿物原料。

[二十、烧绿石]

旧称黄绿石。化学组成为 $(Ca, Na)_2Nb_2O_6(OH, F)$，晶体属等轴晶系的氧化物矿物。英文名由希腊文派生而来，表示本矿物置于火上灼烧后变成绿色。成分中的铌可被钽、钛所替代，与细晶石形成完全类质同象系列。常含数量不定的稀土、铀、钍、锆、钇、铅等杂质，使成分变得复杂。有铈烧绿石、铀烧绿石、水烧绿石等变种。烧绿石晶体呈八面体，集合体成粒状。有黄、褐、棕、红、黑等色，非晶质化会使颜色变深。油脂光泽至金刚光泽。有时可见八面体解理。莫氏硬度 $5.0 \sim 5.5$。密度 $4.02 \sim 5.40$ 克/厘米^3，随含钽量的增多而增大。硬度与密度都随水化程度的加深而降低。是提取铌、钽的主要矿石矿物，可综合利用其中的稀土、铀、钍等。烧绿石主要产于碳酸盐岩、霞石正长岩及其他碱性岩、钠长石化花岗岩、钠质热液交代脉中。世界著名产地有巴西的阿拉沙和塔皮拉、加拿大魁北克省的奥卡和圣霍诺雷、美国科罗拉多州波德台恩等。中国辽宁赛马、内蒙古白云鄂博、湖北庙垭等地都有产出。

[二十一、黑稀金矿]

氧化物矿物，化学组成为 $Y(Nb, Ti)_2O_6$，晶体属正交（斜方）晶系。与含

Ti 为主的复稀金矿 $Y(Ti, Nb)_2O_6$ 成完全类质同象系列。常有铀、钍、钙、铈等替代钇，钽、锡、锆等替代铌。广泛的类质同象置换，导致矿物成分复杂和钽黑稀金矿、钛黑稀金矿、铀黑稀金矿等许多变种的出现。晶体通常细小，呈板状或板柱状；集合体呈块状或放射状。呈黑、黑灰、褐、棕红、褐黄、橘黄等色。条痕褐黄至红褐色。半金属光泽、油脂光泽或金刚光泽。莫氏硬度 5.5～6.5。密度 4.1～5.9 克/厘米^3。硬度和密度随含钽量的增多而增大。具放射性和电磁性。是提取钇族稀土、铌、钽、铀等的矿物原料。主要产于花岗伟晶岩、碱性岩、花岗岩、蚀变花岗岩中，亦见于砂矿中。在中国广东、内蒙古、川西、辽宁、江西等地及澳大利亚、巴西、俄罗斯、挪威等国都有产出。

[二十二、细晶石]

氧化物矿物，化学组成为 $(Na, Ca)_2(Ta, Nb)_2O_6(O,OH, F)$。晶体属等轴晶系。与烧绿石成完全类质同象系列。常有稀土、铀、钍、铅、铋等置换钠和钙，形成钇细晶石、铀细晶石、铅细晶石等变种。常呈不规则细粒状集合体而得名。黄色、褐色、绿色。玻璃光泽或油脂光泽。莫氏硬度 5.0～6.0。密度 5.9～6.4 克/厘米^3，比烧绿石大。产于花岗伟晶岩、钠长石化花岗岩、钠长岩中。中国江西、广东、广西等地产出。

细晶石（d 0.8cm，新疆）

[二十三、钙钛矿]

化学组成为 $CaTiO_3$，晶体属正交（斜方）晶系的氧化物矿物。以俄国矿物学家 L.A.佩罗夫斯基的姓命名。常含钠、铈族稀土、铁、铌等，有铈钙钛矿、铌钙钛矿等变种。晶体常呈假等轴晶系的立方体或八面体状；不规则粒状集合体。灰黄色、棕色、黑色或灰黑色。金刚光泽至半金属光泽。莫氏硬度 5.5～6.0。密度 3.9～4.9 克/厘米³。颜色、光泽、密度分别随着铌和稀土含量的增多而加深、增强、增大。钙钛矿多为超基性或碱性侵入岩及其伟晶岩、喷出岩中的副矿物，在侵入岩与石灰岩的接触带中也有产出。大量富集时可用于提炼钛、稀土元素和铌。世界著名的产地有俄罗斯的科拉半岛和乌拉尔、巴西的米纳斯吉拉斯。

[二十四、钛铁矿]

化学组成为 $FeTiO_3$，晶体属三方晶系的氧化物矿物。英文名称来源于本矿物的首次发现地——俄罗斯乌拉尔的伊勒门山。常有镁、锰、铌、钽替代铁或钛。晶体常呈板状、鳞片状、粒状，集合体呈块状或粒状。钢灰至铁黑色，条痕黑色至褐红色。金属至半金属光泽。莫氏硬度 5.0～6.5。性脆。密度 4.5～5.0 克/厘米³。无解理。具弱磁性。钛铁矿一般作为副矿物见于超基性岩、基性岩、碱性岩、酸性岩和变质岩中，也可以形成砂矿。受岩浆期后热液或表生氧化作用，能转变成白钛石、金红石、锐钛矿、赤铁矿。含 TiO_2 达 52.66％，是提取钛和二氧化钛的最主要矿物原料。著名矿山有俄罗斯的伊勒门山、挪威的特耳尼斯、美国怀俄明州的铁山、加拿大魁北克的埃拉德湖等。中国四川攀枝花铁矿，即是一个大型的钛铁矿产地。

[二十五、石英]

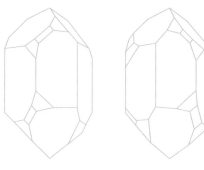

低温石英的左形（左图）和右形（右图）的理想晶形

化学组成为 SiO_2，晶体属三方晶系的氧化物矿物。通常所称石英，是指分布广泛的低温石英（α-石英）；广义的石英，还应包括高温石英（β-石英，见石英族矿物）。中国古代最早称石英为"水玉"。东汉末年的《神农本草经》中，已用"石英"一词，并按颜色将石英分为 6 种。英文名源于西斯拉夫语 kuardy，是"坚硬"的意思。到 14 世纪，在捷克矿业术语中，首先采用 quartz 一词。

低温石英是常温常压下，唯一稳定的 SiO_2 同质多象变体。晶体常呈带菱面体的六方柱状，有左、右形之别；六方柱面上有横纹。人造晶体上常出现底轴面，而晶面不平，由许多波纹状小丘组成。双晶极为普遍，已知的双晶律多达 20 余种，其中以道芬律和巴西律双晶最为常见。双晶的存在是一种晶体缺陷，对石英晶体的利用有严重影响。集合体常呈显晶质的粒状、块状、晶簇状；隐晶质的晶腺、钟乳状、结核状等。

水晶晶簇（32cm，广西）

纯净的石英呈无色透明，常因含微量色素离子、细分散包裹体，或因具有色心而呈各种颜色，并使透明度降低。烟水晶（烟黄至黑色）、紫水晶（紫色）的颜色是由色心造成的，当加热至 230～260℃时会褪色；受高能射线辐照后，又会重新呈色。玻璃光泽，断口常显油脂光泽。莫氏硬度 7.0。密度 2.65 克／厘米³。

无解理，断口呈贝壳状至次贝壳状。具强压电性、焦电性和旋光性。

　　石英有许多变种。显晶质变种主要有水晶（无色透明）；紫水晶（紫色），俗称紫晶；烟水晶（烟黄、烟褐至近于黑色），俗称茶晶、烟晶或墨晶；黄水晶（浅黄色）；蔷薇石英（玫瑰红色），俗称芙蓉石；蓝石英（蓝色）；乳石英（乳白色）；砂金石是含有赤铁矿或云母等细鳞片状包裹体而显斑点状闪光的石英晶体；鬃晶是指含有针状、毛发状金红石、电气石或阳起石等包裹体的透明的石英晶体。隐晶质变种有两类：一类由纤维状微晶组成，包括：石髓（玉髓）、玛瑙；另一类由粒状微晶组成，主要有燧石（灰至黑色，俗称火石），碧玉（暗红色或绿黄、青绿等色，又称碧石）。

　　石英在天然界分布广泛，是岩浆岩、沉积岩和变质岩的主要造岩矿物之一；

块状碧玉（6cm，西藏）

也是许多矿石的主要脉石矿物。常见于花岗岩类岩石、片麻岩、片岩、砂岩、某些砾岩、砂和一些矿石中。著名的南京雨花石，是雨花台砾石层中的玛瑙砾石和碧玉砾石。有些石英有特定的产状，如蔷薇石英几乎总是呈块状产于伟晶岩中；燧石通常呈结核或层状产于白垩层或灰岩、白云岩中；玛瑙主要产于基性喷出岩的孔洞中。具工业价值的水晶，主要为热液型、伟晶岩型和残积、冲积成因。巴西是世界最大的优质水晶生产国，曾产出一直径 2.5 米、高 5 米、重达 40 余吨的

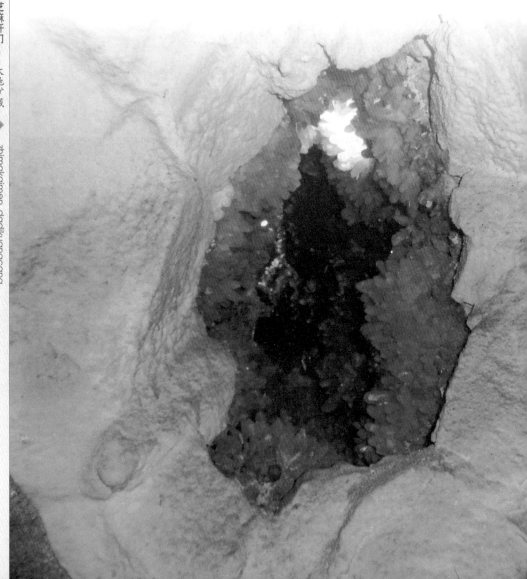

水晶晶体。其他著名生产国有印度、马达加斯加、安哥拉、委内瑞拉、韩国和土耳其等。中国石英资源丰富，遍布各省区，有大型的石英砂、石英砂岩、石英岩和脉石英矿床。

石英

石英是人类最早认识和利用的矿物之一。在蓝田猿人和北京猿人生活的化石层中，有大量用乳石英、燧石及水晶等制作的石器发现。自古以来人们曾用燧石取火、用石英一些晶莹丽润的变种制作高级器皿、光学镜片、工艺美术品和宝石等。在近代科学技术中，石英有更广泛的用途。无缺陷的水晶，是极重要的压电材料和光学材料。尺寸大于等于12毫米×12毫米×1.5毫米的水晶块，可用于制作石英谐振器和滤波器，有极高的频率稳定性、选择性和灵敏性，广泛用于军事、空间技术、电子等部门。光学水晶用于生产聚集紫外线的透镜、摄谱仪棱镜、补色器的石英楔等光学元件。黄水晶、紫水晶、蔷薇石英、烟水晶、砂金石、虎眼石、玛瑙、石髓及鬃晶等可用作宝石或工艺美术材料。色泽差的玛瑙和石髓，还用于制作研磨器具。较纯净的石英砂、石英岩，可大量用作玻璃原料、研磨材料、硅质耐火材料及瓷器配料等。不纯的石英砂是重要的建筑材料。人工合成的水晶可有效消除双晶等缺陷、控制晶体尺寸。已经出现天然石英压电片被人造水晶完全取代的趋势。

[二十六、斯石英]

化学组成为 SiO_2，晶体属四方晶系的高密度二氧化硅矿物。又名超石英。英文名取自俄罗斯结晶学家 S.M. 斯季绍夫的姓氏，斯季绍夫于 1962 年首次在

160～180千巴（1千巴＝10^8千帕）和1200～1400℃的条件下合成斯石英。同年，美籍华人赵景德在美国亚利桑那州米梯尔陨石坑中，发现与石英、柯石英、焦石英伴生的天然斯石英。它是超高速的陨石冲击地表石英砂岩、在瞬间极高压条件下，由石英转变而成。斯石英具有金红石的晶体结构，是唯一发现的硅与氧成六次配位，而不是四次配位的二氧化硅矿物。晶体呈细微柱状，多属微米尺寸晶粒。无色透明。玻璃光泽。莫氏硬度8.0～9.0，平行延长方向的显微硬度2080千克/毫米^2，垂直方向1700千克/毫米^2。密度4.28（计算）～4.35克/厘米^3（人造晶体实测）。它是二氧化硅矿物中，硬度和密度最大的变体，又称高密石英。未发现解理。比柯石英和石英更难溶于氢氟酸中。约76×10^8帕稳定，在常温常压下准稳定，在空气中加热至900℃转变为方石英。地质体中斯石英的出现，可作为极高压力条件的标志。

[二十七、柯石英]

化学组成为SiO_2，晶体属单斜晶系的二氧化硅矿物。又称单斜石英。英文名取美国化学家L.科斯的姓氏，他于1953年首先在约35×10^8帕、500～800℃条件下合成出柯石英。晶体结构是由硅氧四面体共角顶沿三度空间连成架状。晶体呈板状，双晶发育。无色透明。玻璃光泽。莫氏硬度7.0～8.0。密度2.93～3.01克/厘米^3。未见解理。在室温条件下，几乎不溶于氢氟酸，但能被熔融二氟化氨迅速溶解。1960年，在美国亚利桑那州米梯尔陨石坑首次发现柯石英；随后，在德国拜恩（巴伐利亚）的里斯凯塞尔陨石坑，美国印第安纳州阿拉比亚、俄亥俄州辛金温泉附近等地的陨石坑里发现柯石英。榴辉岩中柯石英的发现，指示在地壳400～500千米深处，可能有柯石英存在。

[二十八、玛瑙]

胶体成因的细致密状玉髓。常由不同颜色的条带或花纹相间分布而构成。其成分基本上是石英，物理性质一般与石英相同。由含不同杂质的二氧化硅胶体溶

晶腺状玛瑙

条带相间的玛瑙

液在岩石空洞或裂隙中逐次沉淀而成。单色玛瑙多呈青色，俗称胆青玛瑙；杂色玛瑙随颜色或花纹不同可分为缟玛瑙（onyx，白色条带与黑色、褐色或红色条带相互交替）、缠丝玛瑙、苔纹玛瑙（moss agate，绿色细丝或其他形态分布似植物生长）等。玛瑙主要产于玄武岩或古熔岩的洞穴中，与洞穴的边缘大致平行。呈晶腺产出，中心常为显晶质的石英或空腔，若空腔中含有明显的液态包裹体的，俗称玛瑙水胆。色泽好的玛瑙可作为宝石和工艺美术材料，差者可用于制作研磨器具和精密仪器轴承。大量商业上的玛瑙经人工染色而提高价值。美国西部各州、德国伊达尔-奥伯施泰因，巴西、乌拉圭等地盛产玛瑙。中国的玛瑙产地分布广泛，几乎各省区都有，主要产地有辽宁、黑龙江、内蒙古、河北、湖北、山东、宁夏、新疆、西藏和江苏。

[二十九、蛋白石]

化学成分为 $SiO_2 \cdot nH_2O$ 的非晶质或超显微隐晶质矿物。水含量变化很大，通常为 3%～9%，最高达 20% 以上，属吸附水性质；但也有少量以 OH^- 形式存在。按结构状态分 3 种。C 型蛋白石是呈超显微晶质的完全有序的低温方石英，但常夹有少量低温鳞石英的结构层，主要产于与熔岩共生的沉积物中，少见；CT 型蛋白石是由低温方石英与低温鳞石英畴成一维堆垛无序结构所构成的超显微结晶质，其形成常与火山物的分解有关；A 型蛋白石为高度无序、近于非晶质的物质，一般为生物成因。在扫描电子显微镜下有些蛋白石表现出是由直径在 150～300 纳米范围内的等大球体所组成，而球体本身又是由放射状排列的一些最小可达 1 纳米的刃状晶体所构成，各等大球体在三维空间成规则的最紧密堆积，水则充填于空隙中。

蛋白石通常呈肉冻状块体或葡萄状、钟乳状皮壳产出。玻璃光泽，但多少带树脂光泽，有的还呈柔和的淡蓝色调的所谓蛋白光。贝壳状断口。莫氏硬度 5.0～6.0，密度 1.99～2.25 克 / 厘米³。硬度、密度以及折射率均随水含量的减少而增高。蛋白石颜色多样，并因而构成不同的变种。普通蛋白石无色或白色，含杂质时可呈浅的灰、黄、蓝、棕、红等色。其中呈乳白色的称为乳蛋白石；蜜黄色而具树脂光泽的称为脂光蛋白石；具深灰或蓝至黑色体色的黑蛋白石罕见，是珍贵的宝石。作为宝石（中文宝石名欧泊）的其他主要变种有：火蛋白石，具强烈的橙、红等反射色；贵蛋

蛋白石

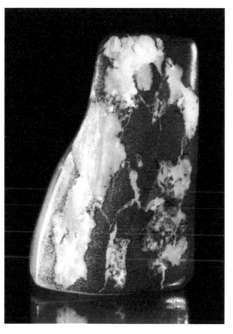

贵蛋白石 (11.8cm, 澳大利亚)

白石呈红、橙、绿、蓝等晶亮闪烁的变彩，已可由人工方法合成。此外，木蛋白石是被蛋白石所石化的树木化石，即具有木质纤维假像的蛋白石。色泽鲜艳的蛋白石自古以来即被用作宝石和装饰品。中国曲阜西夏新石器时代遗址出土过嫩绿色蛋白石手镯。蛋白石形成于地表或近地表富水的地质条件下，存在于各类岩石空洞和裂隙中，尤以火山岩中和热泉活动地区常见。在第三纪及近代的海洋沉积物中也常见。蛋白石暴露于干热的大气中时，可逐渐脱水而失去光泽，并最终变为石髓。宝石级蛋白石的重要产地有：澳大利亚的昆士兰和新南威尔士、墨西哥、洪都拉斯、匈牙利、日本、新西兰、美国的内华达和爱达荷等。

第六章 氢氧化物矿物

　　阴离子是氢氧根 (OH)⁻ 或是氢氧根和氧 (O)²⁻ 共同与阳离子组成的矿物。阳离子主要是镁、铝、锰、铁、铀、钙等元素。某些矿物有中性水存在。主要矿物有水镁石、硬水铝石、三水铝石、纤铁矿、针铁矿、水锰矿等；通称的铝土矿、褐铁矿、硬锰矿分别是铝、铁、锰的氢氧化物矿物的混合物。成分中的类质同象置换很有限，主要是吸附作用导致复杂的化学成分变化。氢氧化物矿物的基本结构，可视为 (OH)⁻ 或 (OH)⁻ 和 (O)²⁻ 作紧密堆积，阳离子充填其空隙，形成以层状或链状基型为主的结构。对水镁石或三水铝石而言，其氢氧根 (OH)⁻ 堆积层中的八面体空隙，分别是全部或三分之二被阳离子镁或铝占据；而铀氢氧化物中，由于有 [UO₂] 团存在，使铀位于六方双锥等复杂的配位多面体中；任何氢氧化物的四面体空隙，几乎都是空着的。氢氧化物多属三方、六方、正交或单斜晶系，晶体呈鳞片状、板状或针状，通常呈各种隐晶胶态集合体状。由镁、铝等惰性气体型离子组成的矿物，呈浅色、玻璃光泽；由铁、锰等过渡型离子组成的矿物，颜色加深、光泽增强。由于氢氧根 (OH)⁻ 离子的低电价导致结合力较弱，使其密度和硬度与相应的氧化物相比，都显著减小。如水镁石 $Mg(OH)_2$、硬水铝石 $AlO(OH)$、针铁矿 $FeO(OH)$ 分别比方镁石 MgO、刚玉 Al_2O_3、赤铁矿 Fe_2O_3 的莫氏硬度小。解理发育，一般是完全或极完全。

氢氧化物矿物主要产于含水、低温的条件，出现于金属矿床氧化带、岩石风化带、热液矿床蚀变带和海湖盆地中。在区域变质等条件下失水后，可转变成氧化物矿物。大量聚集可作为提取镁、铁、铝、锰、铀等及其化合物的矿物原料。

[一、水镁石]

化学成分为 $Mg(OH)_2$，晶体属三方晶系的氢氧化物矿物。又称氢氧镁石。英文名称源于美国矿物学家 A. 布鲁斯（Archibald Bruce）的姓氏。自然界含镁量（含 MgO 69.12%）最高的一种矿物。用作镁质耐火材料和提炼镁的重要矿物原料，并广泛用于建筑材料、人造纤维、橡胶业和造纸业的填料、镁质焊剂、镁质水泥等。也是替代石棉的一种环保材料。成分中的镁，可部分被铁、锰、锌等类质同象替代，形成锰水镁石、铁水镁石、锌水镁石等变种。晶体呈板状或叶片状，通常呈板状、片状、致密块状集合体产出。纤维状水镁石，称纤维水镁石，其纤维可剥离，并具有弹性。水镁石纯净者呈白色，含杂质者呈灰白色、浅黄绿色、绿色、黄色、

水镁石

褐红色等。玻璃光泽。解理极完全。解理面上呈珍珠光泽，纤维水镁石呈丝绢光泽。莫氏硬度 2.5。薄片具有挠性。密度 2.4～2.5 克/厘米^3。具热电性。水镁石是由富镁硅酸盐和碳酸盐矿物经变质而成，有变质碳酸岩和变质超基性岩两种主要类型。世界水镁石矿床多属于变质碳酸盐型。最著名产地是俄罗斯哈巴罗夫斯克欣甘特大型水镁石矿，还有加拿大魁北克和安大略、美国加勃克、英国设得兰群岛中的昂斯特岛、意大利奥斯特等。中国陕西汉中市黑木林纤维水镁石矿，是世界罕见的产于变质超基性岩中的特大型矿床。云南墨江、四川石棉县、青海祁连县、吉林集安、河南西峡、辽宁岫岩等地均有产出。

[二、铝土矿]

以含水氧化铝为主、成分可变的天然多矿物混合物。主要由极细的三水铝石、软水铝石、硬水铝石和数量不等的黏土矿物、赤铁矿、针铁矿、石英等混合而成。以发现地法国博克斯（Baux）而取名。铝土矿的形态特征随成因不同而异，通常呈同心圆结构的豆状产出，也呈致密块状、多孔状、土状等。颜色随胶结物种类和成分中氧化铁含量的增加，颜色由浅变深，由灰白色、棕红色直至黑灰色；有时呈不同色斑状分布。硬度和密度都不大，并随矿物组成不同而变化。铝土矿是在湿热气候条件下，母岩经红土化作用而成。由火成岩或变质岩形成的红土型矿床，以三水铝石为主；在石灰岩或白云岩凹凸不平岩溶化表面形成的钙红土型矿床，通常含有相当数量的软水铝石。风化壳铝土矿经剥蚀、搬运，可形成沉积铝土矿。铝土矿是生产氧化铝、提炼铝金属的最主要矿石；也用于磨料、耐火材料和化工行业。铝土矿分布广泛，澳大利亚昆士兰州的韦帕、巴西的帕拉州是世界著名的重要产地；主要出产国还有几内亚、苏里南、牙买加、越南、印度、圭亚那等。中国广西、贵州、河南、山东等省区也有广泛分布。含 Al_2O_3 量大于 40%，Al_2O_3/SiO_2 比值大于 2∶1 的铝土矿可用作工业矿石。若在铝土矿中富集 Ga、Nb、Ta、Ti、Zr 等稀有元素，则可综合利用。

[三、硬水铝石]

化学组成为 AlO(OH)，晶体属正交（斜方）晶系并结晶成 α 相的氢氧化物矿物。与结晶成 γ 相的软水铝石成同质多象。旧称水铝石或一水硬铝石。晶体通常呈薄片状、板状，具平行片状方向的完全解理。集合体呈疏松块状、细鳞片状、放射状或隐晶胶态状。白、灰白或无色，含杂质时可为浅红、灰绿、黄褐等色。

硬水铝石（4cm，浙江）

硬水铝石

玻璃光泽，解理面显珍珠光泽。性极脆。莫氏硬度 6.5～7.0。密度 3.2～3.5 克／厘米³。硬水铝石主要由铝硅酸盐风化而成，广泛存在于铝土矿与红土中，也见于结晶灰岩、白云岩和某些热液矿脉中，也常与刚玉共生于刚玉砂矿床中。著名产地有俄罗斯乌拉尔、捷克谢姆尼茨、瑞士坎波伦戈、希腊纳克索斯岛等。中国山东淄博、河南巩义、山西阳泉和太原、辽宁复州、河北开平等地也有产出。硬水铝石主要用于炼铝、耐火材料、高铝水泥、磨料等。

[四、软水铝石]

化学组成 AlO(OH)，晶体属正交（斜方）晶系，并结晶成 γ 相的氢氧化物矿物。与结晶成 α 相的硬水铝石成同质多象。旧称一水软铝石或勃姆铝矿。以首先用 X 射线衍射研究并认识 γ－AlO(OH) 物质的德国地质学和古生物学家 J.博姆的姓命名。晶体呈细小的片状、薄板状。常以松散土状、豆状或隐晶质块状集合体产出。白色或黄白色。玻璃光泽。解理完全。莫氏硬度 3.5～4.0。密度 3.01～3.46 克／厘米³。软水铝石主要由铝硅酸盐岩石风化而成，是组成铝土矿的主要矿物成分，也作为热液作用的产物见于碱性伟晶岩中。

[五、三水铝石]

化学组成为 $Al(OH)_3$，晶体属单斜晶系的氢氧化物矿物。与拜三水铝石（bayerite）和诺三水铝石（nordstrandite）成同质多象。旧称三水铝矿或水铝氧石。英文名源于矿物收藏家 C.G. 吉布斯（Gibbs）的姓命名。三水铝石的晶体极为少见，呈细小假六方片状，并常成双晶；在俄罗斯南乌拉尔的热液脉中产出达 5 厘米大小的晶体。通常以纤维状、鳞片状、多孔状、结核状、土状集合体产出。白色，或因杂质染成淡红、浅绿等色。玻璃光泽，解理面显珍珠光泽。解理极完全。莫氏硬度 2.5～3.5。密度 2.3～2.4 克/厘米^3。三水铝石主要是含铝硅酸盐矿物经化学风化而成，是红土型铝土矿的主要矿物成分；也可在低温热液条件下形成。是提炼铝的主要矿物原料，也用于制造耐火材料、高铝水泥的原料。

[六、褐铁矿]

以含水氧化铁为主要成分的天然多矿物混合物。英文名称来自希腊文，意指它能出现在沼泽地里。早先认为褐铁矿是一种成分为 $2Fe_2O_3 \cdot 3H_2O$ 的独立矿物，但 X 射线衍射分析表明，它们是以隐晶质的针铁矿、纤铁矿、富含水的氢氧化铁胶凝体为主，并含有铝的氢氧化物、泥质物、赤铁矿、石英、黏土等混合而成；成分复杂而可变，但基本上为 $FeO(OH) \cdot nH_2O$，有时含 Co、Ni、Cu、Pb、Au 等。常呈致密块状、疏松多孔状、钟乳状、葡萄状、土状等产出，也常呈黄铁矿晶形的假像出现。物理性质变化大，呈各种色调的褐色（褐黄色、褐色、褐黑色或红褐色等）。条痕黄褐色至褐黄色。莫氏硬度 1.0～4.0。密度 3.1～4.2 克/厘米^3。褐铁矿在自然界分布广泛，主要由铁的硫化物、铁的氧化物、铁的碳酸盐等氧化而成。铁锈也由褐铁矿组成。在硫化矿床氧化带中常以"铁帽"形式出现，它可作为找矿标志。褐铁矿也可在沼泽、湖泊及泉水沉积中通过无机或生物沉淀而形成。在英国北安普敦、法国洛林、德国巴伐利亚、卢森堡、比利时、瑞典等地都有具重要价值的褐铁矿床。褐铁矿含铁量低，是钢铁工业次要的铁矿石，但较易冶炼；它还可用作颜料，并是黄土组成中的色素物质。

褐铁矿（14.5cm，贵州）

[七、针铁矿]

化学组成为FeO(OH)，晶体属正交（斜方）晶系并结晶成α相的氢氧化物矿物。与纤铁矿、四方纤铁矿和六方纤铁矿成同质多象。为纪念著名德国诗人和哲学家J.W.von 歌德（Goethe）而命名。晶体呈针状、柱状、鳞片状；通常呈具同心层状和放射纤维状构造的肾状、钟乳状以及块状、土状集合体产出。含不定量吸附水的块状针铁矿，称为水针铁矿。带有黄、红色调的褐色至黑色。条痕褐黄色至红褐色。金刚光泽至半金属光泽，纤维状或鳞片状

纤维状针铁矿（6cm，山东）

者具丝绢光泽。解理完全。莫氏硬度 5 ～ 5.5。性脆。密度 4.0 ～ 4.4 克 / 厘米 ^{3}，含杂质者可低至 3.3 克 / 厘米 ^{3}。针铁矿是在氧化条件下，由含低价铁的矿物风化而成，还可直接沉淀于湖沼和泉水中；也存在于大洋底的锰结核和一些低温热液矿床中。它分布广，是组成褐铁矿的最主要组分，但很少大量富集，仅在少数产地可构成重要的铁矿床，如法国洛林沿法德边界的云煌岩矿等。针铁矿可作为炼铁的矿石矿物原料，褐色至黄色变种是一种通用的颜料。

[八、纤铁矿]

氢氧化物矿物，化学组成为 FeO(OH)，晶体属正交（斜方）晶系并结晶成 γ 相。与针铁矿、四方纤铁矿、六方纤铁矿成同质多象。英文名来自希腊文，意指它具有鳞片状和羽毛状的性质。含不定量吸附水者称水纤铁矿。常呈鳞片状、纤维状或块状集合体。暗红至暗褐色。条痕橘红或砖红色。金刚光泽至半金属光泽。解理完全。莫氏硬度 4.0 ～ 5.0。密度 4.09 克 / 厘米 ^{3}。纤铁矿是含铁矿物在氧化

条件下的风化产物，是组成褐铁矿的重要矿物之一，与针铁矿紧密共生。可作为铁矿石矿物使用。

[九、水锰矿]

氢氧化物矿物，化学组成为 MnO(OH)，晶体属单斜晶系。是锰的主要矿石矿物之一。与斜方水锰矿、六方水锰矿成同质多象。晶体常呈假正交（斜方）对称的柱状、针状、纤维状，柱面有明显的纵纹；集合体呈柱状、束状、粒状、钟乳状等。暗钢灰至铁黑色。条痕红棕至深褐色，有时接近黑色。半金属光泽。解理完全。莫氏硬度 3.5～4.0。密度 4.2～4.33 克/厘米^3。水锰矿产于沉积锰矿床中，与软锰矿、硬锰矿、菱锰矿等共生。以低温热液脉产出的水锰矿，与方解石、重晶石、菱铁矿等共生或伴生，有时呈方解石的假像。在氧化带中水锰矿不稳定，易氧化变为软锰矿，后者常可保留水锰矿的假像。世界著名的水锰矿产地有德国哈茨山和图林根，英国康沃尔，中国内蒙古、湖南、北京昌平亦有产出。

[十、硬锰矿]

葡萄状硬锰矿（12cm，湖南）

有两种含义：它是独立的矿物种，称钡硬锰矿，在自然界分布量少；作为一般性术语，指呈黑色、块状、葡萄状或钟乳状、质硬，以天然锰的氧化物、氢氧化物为主，成分复杂的天然混合物。其颜色、形态、物性都与钡硬锰矿类同。含水、一般呈土

《中国大百科全书》普及版 ○ 芝麻开门——大地矿藏 zhimakaimen dadikuangcang

状而硬度较低的则称为锰土。

[十一、钡硬锰矿]

化学组成为 $BaMn_9O_{16}(OH)_4$，晶体属单斜晶系的锰的氢氧化物矿物。英文名取自发现地，法国的罗曼什（Romaneche）。常含少量的砷、钒、钨、钴、铜、镍、镁、钙等。一般均呈葡萄状、肾状、钟乳状或块状产出。铁黑至暗钢灰色。条痕棕黑色。半金属光泽，土状者为暗淡光泽。莫氏硬度 $5.0 \sim 6.0$。密度 $3.50 \sim 4.71$ 克 / 厘米³。钡硬锰矿形成于表生条件，由含锰的碳酸盐或硅酸盐矿物风化而成的一种典型的次生矿物。常与软锰矿共生。亦可形成大规模的残留矿床。是锰的重要矿石矿物。

[十二、锰土]

含水的锰的氧化物和氢氧化物的混合物。组成矿物中，除软锰矿和硬锰矿外，常混入钴、镍、铁、铜、铅、铝等氢氧化物，并吸附锂、钾等。呈黑色、蓝黑或褐黑色粉末状或块状体。硬度小，能污手，块状者的硬度略大些。锰土形成于地表氧化条件下，产于湖沼沉积物、浅海沉积物和岩石风化壳中。锰土可作为锰矿石。含钴高的锰土称钴土。钴土是提取钴、镍元素的重要矿产资源。